基于生态环境分区管控的
淮河流域水质持续改善研究

汪　斌　著

郑州大学出版社

图书在版编目(CIP)数据

基于生态环境分区管控的淮河流域水质持续改善研究／
汪斌著. -- 郑州：郑州大学出版社，2025. 7. -- ISBN
978-7-5773-1209-5

Ⅰ. X832

中国国家版本馆 CIP 数据核字第 2025ME6055 号

基于生态环境分区管控的淮河流域水质持续改善研究
JIYU SHENGTAI HUANJING FENQU GUANKONG DE HUAIHE LIUYU SHUIZHI CHIXU
GAISHAN YANJIU

策划编辑	崔　勇		封面设计	苏永生
责任编辑	崔　勇		版式设计	苏永生
责任校对	杨飞飞		责任监制	朱亚君

出版发行	郑州大学出版社		地　　址	河南省郑州市高新技术开发区
经　销	全国新华书店			长椿路 11 号(450001)
发行电话	0371-66966070		网　　址	http://www.zzup.cn
印　刷	郑州尚品数码快印有限公司			
开　本	787 mm×1 092 mm　1 / 16			
印　张	11.25		字　　数	269 千字
版　次	2025 年 7 月第 1 版		印　　次	2025 年 7 月第 1 次印刷

书　号	ISBN 978-7-5773-1209-5		定　　价	58.00 元

本书如有印装质量问题,请与本社联系调换。

前 言

淮河流域作为我国七大流域之一,横跨豫、皖、苏等省,人口密集、经济活跃,生态地位突出。河南省淮河流域涵盖广袤平原与山区丘陵,既是粮食主产区,也是工业重地。但随工业化、城镇化推进,该流域面临严峻生态挑战:水污染突出,部分河段水质长期不达标;水资源供需矛盾尖锐,过度开发导致生态流量不足;水生态系统退化,湿地萎缩、生物多样性减少等问题显现。这些问题既制约区域可持续发展,更威胁群众生态安全与健康福祉。

生态环境分区管控制度是党中央、国务院推出的重大环境治理创新举措,通过划定生态保护红线、环境质量底线、资源利用上线,划分环境管控单元并制定准入清单,实现精准管控,为破解"先污染后治理"困局、统筹生态保护与经济发展提供科学路径。河南作为淮河流域生态保护核心区,其分区管控成效直接关乎全流域生态安全。但实践中,仍存在管控单元与流域特征匹配度待提升、部分工业园区准入清单针对性不足、动态调整机制不够灵活等难点。

基于此,我和团队深耕河南淮河流域生态研究多年,深知系统梳理分区管控理论、剖析流域问题、提出优化策略的紧迫性。写作本书,旨在为流域治理提供兼具理论深度与实践价值的著作,填补该领域系统性研究空白,为政府、科研机构、企业等提供清晰思路与可行方案,推动管控精细化、科学化,实现流域生态、经济、社会效益统一。

本书以河南淮河流域为对象,构建"理论-现状-问题-对策"完整框架,含六个核心维度:理论基础系统阐释分区管控制度背景、技术方法等,梳理河南成果;流域概况从自然、经济两方面剖析基础特征;污染状况分析排放现状、水质及突出问题;管控现状介绍单元划分、准入清单等及不足;案例研究以周口绿色印染、虞城电镀产业园为典型提优化策略;综合策略从规划、标准、"三水"统筹、美丽河湖建设等层面提水质改善方案。

全书共七章,逻辑紧密递进:第一章为理论总纲;第二章、第三章介绍流域概况与污染状况;第四章分析管控现状;第五章、第六章给出案例优化路径;第七章提出宏观策略,形成"理论-现状-案例-策略"闭环,既符合认知规律,又便于读者定位内容,兼顾学术性与实用性。

本书特点显著：实践性强，基于实地数据与政策文本，策略可直接指导实践；案例典型，为同类园区提供借鉴；系统性突出，形成"宏观-中观-微观"体系。与同类书相比，首次全链条研究河南淮河流域管控，融合国家和省级最新制度与实践，避免理论空泛或案例碎片化。

　　我希望通过本书传递三个核心观点：分区管控是流域治理"牛鼻子"；园区是管控关键节点；协同治理是长效保障。期望读者从中获得启发，助力流域实现"水清、岸绿、景美、人和"。

　　本书资料来自官方数据、实地调研、文献成果，经严格核验，虽部分数据因统计口径有差异但已修正，秉持"问题导向"呈现真实结论。

目　录

1

第一章

生态环境分区管控概述

第一节　生态环境分区管控制度建立背景

一、生态环境分区管控制度建立必要性

目前,生态退化、环境污染、资源过度开发利用等问题正成为制约我国生态文明建设和可持续发展的重大挑战。自20世纪70年代以来,欧美等发达国家和地区陆续实施了一系列生态环境分区管控措施,被认为是应对生态保护、环境污染治理和风险管控的有效管理手段。过去20多年以来,我国生态环境部门相继实施了一系列生态环境分区管控制度,原国家环保总局自20世纪90年代起陆续发布了地表水、大气和噪声环境功能区划,原环境保护部于2008年发布了《全国生态功能区划》(公告2018年35号),自2011年起推动了全国生态保护红线的划定,初步构建了不同生态环境要素的空间管控体系,但总体上来看各要素之间的相互联系并不紧密,管控分区的空间尺度相对较粗,也没有实现国土空间的全覆盖,已经难以满足当前新形势下生态环境综合管理的需要。

党的十八大以来,国家发展改革委、自然资源和生态环境部门陆续启动了国土空间分区管控的新探索,推动了包括主体功能区划、生产、生活和生态空间划定和生态环境功能分区划定等工作,初步构建了国土空间分区差异化的生态环境管控体系,但这些工作对于资源和生态环境的系统评估仍显不足,分区精度和管控措施的落地性仍有待加强。

随着我国生态环境治理措施的不断深化,生态环境分区管控模式正由单要素管控向综合性管控转变,由战略导向性向精细化落地性转变。当前,我国正处于推动国土空间治理体系改革和环境治理能力现代化建设的关键时期,在生态文明和美丽中国建设的新时代背景下,需在现有生态环境分区管控制度的基础上,综合落实生态保护、环境质量管理和资源利用等多要素管控要求,构建一套更加科学有效的国土空间差异化的生态环境分区管控体系。

二、生态环境分区管控制度建立意义

生态环境分区管控是新时期改革发展背景下的新探索。一方面,我国经济增长正由高速向中高速增长转变,从过去粗放无序的模式向高质量发展转变,空间利用格局、资源

开发模式和污染物排放要求等也随之发生重大转变。另一方面,国家推动建立空间规划体系,促进"多规合一",推进国家治理体系和治理能力现代化,逐步建立健全国土空间统一用途管制成为当前重要任务。生态环境部门以生态环境质量改善为核心,加强环境治理体系现代化建设,深化"放管服"改革。在新的发展和改革背景下,构建生态环境分区管控体系是落实生态文明建设、推进经济高质量发展和生态环境高水平保护的重要探索。

生态环境分区管控是国土空间环境管控的新抓手。在国土空间治理的新体系下,生态环境分区管控体系将充分发挥"划框子、定规则、抓落实"的作用,通过空间红线优布局、总量上线控规模、效率准入促转型,建立一套多要素综合、多分区叠加、落地可实施的国土空间分区管控体系,支撑经济高质量发展和生态环境高水平保护。同时,生态环境分区管控体系对于国土空间规划编制也是重要支撑,特别是在环境质量目标、污染物排放管控要求、生态环境管控分区及准入清单管控要求等方面,应作为空间规划的资源环境承载力评价的重要依据和参考。

生态环境分区管控是环境管理制度的新突破。当前,我国生态保护和环境治理正在向系统化、精准化和信息化转型,环境管理体系改革的任务艰巨。在生态环境管理的新时代需求下,基于"三线一单"(生态保护红线、环境质量底线、资源利用上线、生态环境准入清单)构建国土空间差异化的生态环境分区管控体系,是生态环境部门参与空间规划体系等综合决策的重要基础。

三、生态环境分区管控制度发展历程

(一)初步探索阶段(2000年—2016年)

2000年以来,我国相继发布了地表水、大气、噪声环境功能区划、生态功能区划,推动生态保护红线和流域水环境控制单元划定,初步建立了不同生态环境要素的空间分区及管控体系。这些工作为后续生态环境分区管控制度的建立奠定了基础,初步实现了对不同区域生态环境要素的分类管理和保护。

(二)试点研究阶段(2017年—2018年)

2017年,原环境保护部在连云港、济南等4个城市试点开展以"三线一单"(生态保护红线、环境质量底线、资源利用上线和生态环境准入清单)为核心的生态环境分区管控研究。

2018年,在总结4个城市试点经验的基础上,将试点范围扩大到长江经济带11省(市)和青海省,进一步探索生态环境分区管控在更大区域范围内的实施路径和方法。

(三)全国推广阶段(2019年—2021年)

2019年,生态环境分区管控工作开始在全国推开,各地纷纷开展相关工作,逐步建立起符合本地实际情况的生态环境分区管控体系。2021年,完成省、市两级生态环境分区管控方案编制发布并正式实施,标志着生态环境分区管控制度在全国范围内初步建立。

(四)深化完善阶段(2022年—2024年)

在此期间,各地在实施应用、调整更新、跟踪评估及监督管理等方面不断发现问题并

加以解决,持续完善生态环境分区管控制度。例如,2023 年一些地区根据相关要求开展了生态环境分区管控成果的动态更新工作。同时,生态环境部也在不断加强制度建设,完善相关政策文件,指导地方规范开展各项工作。

(五)全面建设阶段(2024 年—2035 年)

2024 年 3 月,中办、国办印发《关于加强生态环境分区管控的意见》,明确了生态环境分区管控制度建设的"时间表"和"路线图"。提出到 2025 年,生态环境分区管控制度基本建立,全域覆盖、精准科学的生态环境分区管控体系初步形成。到 2035 年,要实现体系健全、机制顺畅、运行高效的生态环境分区管控制度全面建立,为生态环境根本好转、美丽中国目标基本实现提供有力支撑。

2024 年 7 月,生态环境部印发了《生态环境分区管控管理暂行规定》,针对生态环境分区管控的方案制定、实施应用、调整更新、数字化建设、跟踪评估、监督管理等 6 个重点环节,提出具体管理要求,全面规范生态环境分区管控管理。

截至 2024 年,生态环境部已推动建立了以"二三一"为标志的生态环境分区管控体系。"二"是"两级方案",指省、市两级制定生态环境分区管控方案;"三"是"三类单元",包括优先保护、重点管控和一般管控三类单元;"一"是"一张清单",针对每个生态环境管控单元,编制"一单元一策略"的差别化准入清单。目前,全国共划定 44604 个生态环境管控单元,基本实现了全域覆盖,各省(区、市)生态环境分区管控信息平台也已完成基本功能建设并上线运行。

四、生态环境分区管控制度基本内涵

生态环境分区管控制度是以保障生态功能和改善环境质量为目标,实施分区域差异化精准管控的环境管理制度,在生态环境源头预防体系中具有基础性作用。其基本内涵是构建"问题-目标-单元-清单"系统性管控体系。其中,战略问题是导向,决定管控方向,是分区管控的重要出发点;质量目标是前提,决定管控强度,是分区管控的基本依据;管控单元是基础,决定管控对象,是分区管控的关键核心;准入清单是措施,决定管控内容,是分区管控的重要抓手。生态环境分区管控通过构建系统性的分区管控体系,既要实现从宏观战略问题和目标到微观调控措施的分解落实,又要通过微观尺度的准入管控支撑宏观层面的结构优化和布局调整,进而实现重大战略问题的落实、质量目标的分解、管控单元的细化和准入清单的落地。

第二节　生态环境分区管控技术方法

一、总体技术框架

根据"三线一单"技术指南和有关技术规范要求,以"生态保护红线、环境质量底线、资源利用上线"相关资源环境要素管控为基本任务,突出"重大问题识别-质量目标-分区管控-清单落地"的逻辑关系,构建从"三线"管控分区到综合环境管控单元和生态环境准入清单编制的主线(图1-1)。

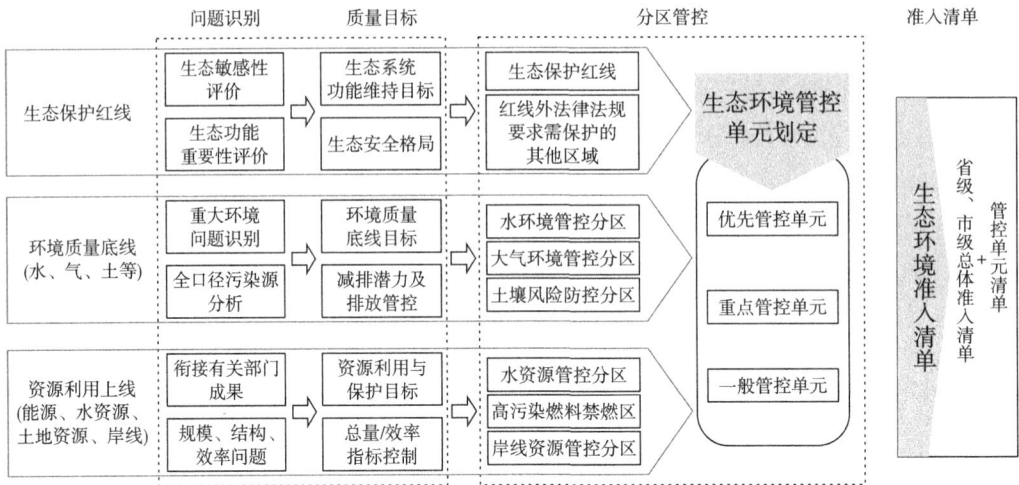

图1-1　生态环境分区管控的总体技术框架

二、关键技术

生态环境分区管控的关键技术方法包括资源环境承载力分析、空间分析和优化调控等,实现生态环境管控措施的科学决策、空间落地和综合调控,支撑精细化的生态环境分区管控。

(一)资源环境承载力分析

资源环境承载力是构建生态环境分区管控体系的重要基础性工作,是协调发展与保护关系、促进生态环境质量改善的重要支撑。资源环境承载力分析是环境要素管控的基础,也是综合环境管控单元划定和生态环境准入清单编制的重要依据。资源环境承载力分析的核心是建立污染源排放与环境质量的响应关系,通过质量模拟和调控反馈等技术路径,实现对区域发展和生态环境保护的综合调控。资源环境承载力分析的常用模型工具包括 WRF-CMAQ 或 WRF-CAMx、流域水文水质模型等。其主要内容与技术流程如图1-2所示。

(二)空间分析与分区划定

成果和数据的空间化是生态环境分区管控成果体系的基本要求,是在战略/规划环评、其他要素管理基础上的空间落地。生态环境分区管控中常用的空间分析方法包括生态空间评价与划定、重大环境问题识别及环境质量目标的空间化和水、气、土要素管控分区划定等。通过空间分析和评估方法,可以识别重点区域,实现基于行政区/环境管控单元的环境质量目标分解和落地,实施基于生态环境管控分区的精细化管理要求。

(三)系统优化调控与反馈

生态环境分区管控是支撑区域生态环境质量改善的目标要求,通过构建发展和保护的复杂系统优化调控方法,从发展规模、布局、强度入手,系统评估和诊断重大生态环境问题,提出区域发展的总量控制、空间优化和效率提升等措施。优化调控应抓住三大关

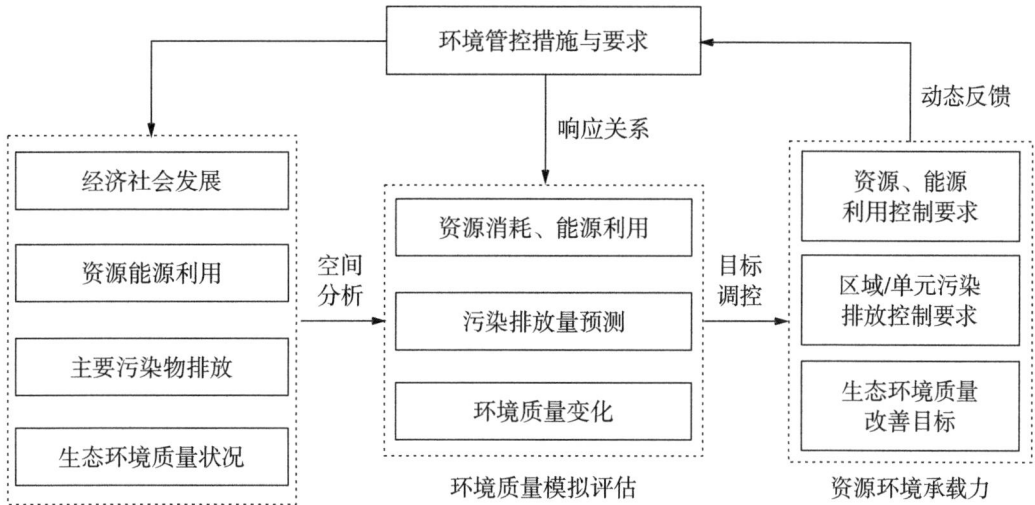

图1-2　资源环境承载力分析主要内容和技术流程

键矛盾,突出三大调控主线,体现三个关键出口。其中,三大关键矛盾为发展规模与资源环境承载、空间布局与生态安全格局、效率强度与质量功能之间的矛盾;三大调控主线为环境影响评估、关键问题诊断、系统优化调控;三个关键出口为总量控规模(利用环境质量底线、资源利用上线)、空间优布局(利用生态保护红线)、效率促转型(利用生态环境准入清单)。

第三节　生态环境分区管控主要内容与技术要点

一、生态保护红线划定及生态空间管控

生态保护红线直接利用各地已经划定的生态保护红线方案,在生态保护红线划定基础上,整合、识别需要加强生态保护的各类区域,识别生态空间。生态空间的划定应确保一般生态空间应划尽划,应合理协调生态保护空间与矿产、旅游开发和城镇建设空间的关系,明确生态系统保护存在的主要冲突区域及相应的管控要求。基于生态空间的类型、主导功能和面临的主要问题差异,提出生态空间的分类分级管控要求,原则上生态空间应作为优先保护单元进行管控,不应纳入一般管控单元,以确保生态空间管控的等级不降低。

二、环境质量底线划定及分区管控

环境质量底线及管控分区划定的主要任务是在重大问题识别及污染源分析的基础上,以环境承载力为依据,确定不同单元/分区的环境质量目标,划定合理的环境管控分区,落实污染物排放控制及管控要求等。环境质量目标的确定应体现不断改善的原则,基于全口径污染源清单分析,明确主要污染物削减比例要求;构建"污染源-监测断面/

站-控制单元/分区"响应关系,支撑分区精细化环境管控。环境质量底线及管控分区的划定要与水、气、土要素管理全面对接,包括质量目标的确定、管控分区划定思路和结果范围的对接、重点管控措施的衔接等方面。在确定环境管控分区等级时,应综合考虑污染物排放强度、环境质量状况、功能区属性和管控对象的敏感性等。同时还应该统筹考虑区域污染物输送、流域上下游协调等因素,突出对区域污染输送通道地区,流域水污染风险较高、敏感性较强地区的重点管控。其环境质量底线及分区管控技术流程如图1-3所示。

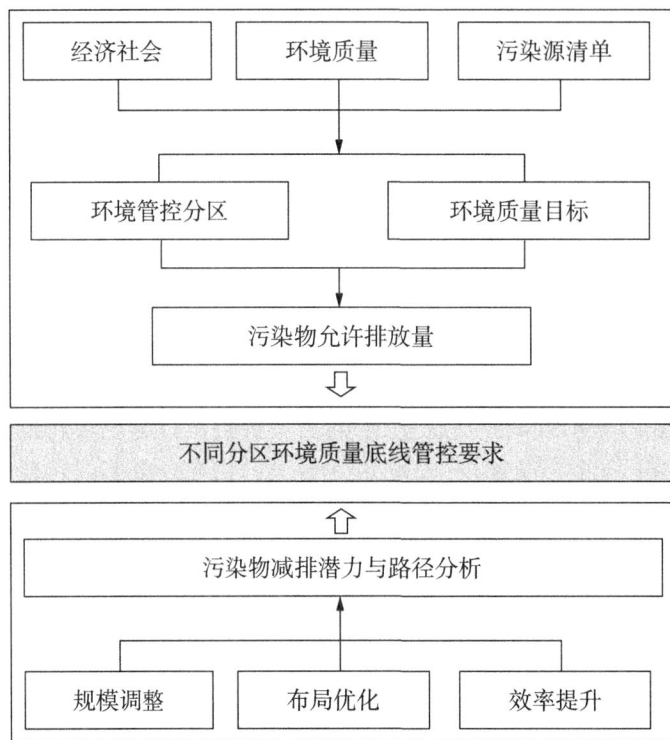

图1-3 环境质量底线及分区管控技术流程

三、资源利用上线划定及分区管控

资源利用上线及管控分区划定的主要任务是充分衔接资源、能源相关部门现有成果,以保障区域生态安全、改善环境质量为核心,明确资源利用的总量、结构和效率管控指标,突出生态流量控制、煤炭等高污染燃料管控、岸线资源利用管控等重点,划定资源、能源利用的重点管控区。资源利用管控分区的划定应重点体现水资源-水环境、能源-大气环境、土地-土壤污染防控、岸线水生态的协同管控,管控分区的划定结果应与生态空间、大气环境、水环境和土壤污染防控分区划定的结果保持较好的协调性,体现资源、环境和生态综合管控的要求。

四、环境管控单元划定

环境管控单元是在"三线"分区基础上,综合叠加得到的覆盖全域国土空间范围的乡镇尺度精细化环境管控的基本单元,分为优先、重点、一般三类进行分级管控。优先保护单元一般为严格保护、限制开发区域;重点管控单元主要包括重点开发建设区域、资源环境问题突出区域,强化对空间布局约束、污染物排放、环境风险和资源环境效率的管控;一般管控单元指上述两类单元以外的其他区域,应按照对应的相关要素管控要求。

要素综合叠加时应注意以下一般原则和要求。一是要素综合叠加采用"取并集"的基本方法,尽量不采用面积比例阈值方法,以尽可能保留要素管控分区的空间、功能、管控要求等属性。二是突出重点管控单元的划定,建议要素分区综合叠加后,一一核实综合管控单元的属性、管控等级与功能定位、质量目标和管控要求的匹配性。三是要确保各类生态环境管控分区的管控等级不降低,确保合理的管控单元面积比例,重点管控区均应纳入重点管控单元进行管控,生态保护空间、要素优先管控区和重点管控区不应纳入一般管控单元;要素优先保护区与重点管控区重叠、相邻的部分,根据实际管理需要,可以统一纳入重点管控单元进行管控。

五、生态环境准入清单编制

生态环境准入清单编制的主要任务是衔接"三线"分区管控要求,以解决区域重大生态环境问题为导向,编制区域总体准入清单和不同管控单元的针对性准入清单管控要求。生态环境准入清单的编制应突出层次性、综合性,一般省级清单包括 4 个空间尺度和 4 个维度的内容。即生态环境准入清单一般包括省(市)片区/流域、地市和管控单元 4 个空间层次,不同层级的清单管控内容应有所侧重,如省(市)层面清单应重点针对省域重大资源环境问题的战略对策和跨省界协调的生态环境管控。从清单管控内容上来看,一般包括空间布局约束、污染物排放管控、环境风险防控和资源环境效率控制,应以资源环境问题为导向,特别是在环境管控单元层面要突出清单管控的针对性,要充分衔接要素分区管控要求,结合第三次全国国土调查和第二次全国污染源普查、排污许可等各类基础数据,提高清单管控的针对性和落地性。

第四节 生态环境分区管控调整更新

一、更新调整条件

生态环境分区管控方案原则上保持稳定,每 5 年结合国民经济和社会发展规划、国土空间规划评估情况等进行定期调整。生态环境部制定工作方案,明确工作要求,统一组织开展生态环境分区管控方案定期调整。

生态环境分区管控方案实施期内,符合下列情形之一的,可以对生态环境分区管控方案中相关联的内容进行动态更新。

(1)法律法规有新规定的;

（2）生态保护红线、饮用水水源保护区、自然保护地等依法依规调整的；

（3）国民经济和社会发展规划、国土空间规划、重大战略、生态环境保护目标、产业准入政策等发生变化的；

（4）其他经论证后确需更新的情形。

二、动态更新要求

动态更新应满足以下要求：

（1）以相关法律法规为依据，按照相关技术指南要求开展；

（2）以生态功能不降低、生态环境质量不下降、资源环境承载能力不突破为底线；

（3）原则上优先保护单元的空间格局应当保持基本稳定，重点管控单元的空间格局应当与环境治理格局相匹配，生态环境准入清单管理要求应当保持一定的延续性。严禁不符合规定随意变更生态环境分区管控方案，以及在更新过程中弄虚作假、降低标准、变通突破等行为。

按照"谁发布、谁更新"的原则，由地方人民政府组织实施动态更新工作，向上一级生态环境主管部门提出更新成果备案申请。更新备案中的论证程序，按以下情形分类履行。

（1）生态环境管控单元边界不变，仅涉及因法律法规有新规定需联动更新生态环境准入清单的，可不开展科学论证。

（2）涉及优先保护单元更新的，除生态保护红线、饮用水水源保护区、自然保护地等依法依规调整和其他依法取得征占用手续的情形外，由省级生态环境主管部门组织开展科学论证。

（3）其他情形，由同级生态环境主管部门组织科学论证或提供相应支撑性文件。

三、备案发布要求

动态更新报送备案时，应提交下列备案材料：

（1）备案申请函；

（2）更新后的方案文本、图集、技术报告等；

（3）备案说明，包括更新背景、主要内容、重点事项说明、征求意见、技术衔接等情况；

（4）科学论证意见及采纳情况；

（5）成果矢量数据；

（6）其他支撑材料。

其中，第（2）、（4）项中相关内容若在动态更新中不涉及，可不报送。

备案机关收到备案材料后，对材料完整性、内容规范性、技术合理性进行审查。原则上应于30日内（不含补正修改时间）反馈备案意见。备案意见包括以下情形：

（1）对审查中没有发现问题的直接予以备案；

（2）对基本符合备案要求，但存在个别材料不齐全、内容不规范、技术分析不到位等情形的，一次性告知需补正的全部内容，报备机关应于30日内按备案机关要求提交补正备案信息，逾期应重新申请备案。

报备机关完成备案后按程序发布实施并将发布文件抄送备案机关。对多次补正备

案信息的报备机关,备案机关可以视情况予以通报。

生态环境分区管控方案向社会公开的内容应当遵守国家有关保密法律法规和地图管理等有关规定。其中,动态更新的发布程序由地方各级生态环境主管部门结合实际情况提出建议,报请同级政府同意后实施。

第五节　生态环境分区管控跟踪评估

一、跟踪评估机制

生态环境部组织制定跟踪评估指南,对各省生态环境分区管控工作组织开展年度跟踪和五年评估。省级生态环境主管部门可结合实际,细化制定市级跟踪评估要求,组织开展各地市跟踪评估工作。开展五年评估的当年不再开展年度跟踪。

年度跟踪是对上一年度遗留问题整改情况、当年生态环境分区管控重点工作推进和监督管理情况的跟踪总结。

五年评估是对本行政辖区生态环境分区管控五年间各项工作进展和实施成效的综合评价,除年度跟踪事项的综合评价外,评估事项还包括:

(1)生态环境分区管控制度建设情况;

(2)优先保护单元、重点管控单元、一般管控单元的面积、空间格局、生态功能、生态环境质量变化情况;

(3)生态环境分区管控在支撑生态环境参与宏观综合决策、服务国家和地方重大战略、促进绿色低碳发展、提升生态环境治理效能等方面发挥的作用;

(4)其他需要开展五年评估的事项。

跟踪评估应充分利用现有工作成果,加强与环境质量监测与评估、全国生态状况调查评估、生态保护红线和国家级自然保护区成效评估等工作的衔接。

二、跟踪评估指标体系

跟踪评估指标体系包含组织实施、成果管理、成果应用、监督管理四个指标维度。

(一)组织实施

组织实施包含组织领导、法规标准、部门联动、宣传培训四个指标。

1.组织领导

指标释义:地方各级党委和政府对生态环境分区管控工作的组织领导情况。

目标要求:落实《中共中央办公厅　国务院办公厅关于加强生态环境分区管控的意见》第十四条有关要求。

评价内容:根据党委和政府会议纪要或者制定发布的文件,说明生态环境分区管控工作定期研究以及有关配套文件的制定情况。

数据来源:省级和市级党委、政府会议纪要或者制定发布的文件。

2.法规标准

指标释义:生态环境分区管控立法情况和相关标准制定情况。

目标要求:落实《中共中央办公厅　国务院办公厅关于加强生态环境分区管控的意见》第十六条有关要求。

评价内容:统计省级和市级将生态环境分区管控要求纳入地方性法规的清单,以及制定的相关标准、技术文件名单,分析地方生态环境分区管控制度体系现状情况。

数据来源:省级和市级相关法规、标准和技术文件。

3.部门联动

指标释义:有关部门加强本领域相关工作与生态环境分区管控协调联动情况。

目标要求:落实《中共中央办公厅　国务院办公厅关于加强生态环境分区管控的意见》第十五条有关要求。

评价内容:根据省级和市级有关部门工作情况,说明各部门在日常工作中衔接联动生态环境分区管控的做法和方式。

数据来源:省级和市级相关部门文件。

4.宣传培训

指标释义:生态环境分区管控宣传培训工作开展情况。

目标要求:落实《中共中央办公厅　国务院办公厅关于加强生态环境分区管控的意见》第十八条和《生态环境分区管控管理暂行规定》第七条要求。

评价内容:说明省级和市级宣传培训工作开展情况。统计分析宣传的方式、内容、数量以及培训的对象、方式、内容和数量,说明宣传培训是否覆盖了生态环境分区管控制度建设和落地实施的各项任务,培训对象是否覆盖了各级党政领导干部以及管理、技术等相关领域人员。

数据来源:省级和市级党委、政府、有关部门宣传培训记录以及相关文件材料。

(二)成果管理

成果管理包含成果更新情况、平台功能建设、平台共享服务三个指标。

1.成果更新情况

指标释义:动态更新前后成果总体变化情况。

目标要求:落实《中共中央办公厅　国务院办公厅关于加强生态环境分区管控的意见》第五条和《生态环境分区管控管理暂行规定》第四章有关要求。

评价内容:分析全省及各地市更新前后三类单元面积、空间格局变化情况。说明各次动态更新的主要原因和合理性,更新后生态环境准入清单管理要求延续性情况,以及国家、省、市成果数据一致情况。

数据来源:省级生态环境分区管控信息平台。

2.平台功能建设

指标释义:省级信息平台功能建设情况。

目标要求:落实《中共中央办公厅　国务院办公厅关于加强生态环境分区管控的意见》第四条和《生态环境分区管控管理暂行规定》第五章有关要求。

评价内容:说明省级信息平台具备的功能以及有关接口建设情况。

数据来源:省级生态环境分区管控信息平台。

3.平台共享服务

指标释义:省级信息平台数据共享和公众服务等情况。

目标要求:落实《中共中央办公厅　国务院办公厅关于加强生态环境分区管控的意见》第四条、第八条和《生态环境分区管控管理暂行规定》第五章有关要求。

评价内容:说明系统互联互通情况、部门间信息共享情况以及平台公众服务提供情况。

数据来源:省级生态环境分区管控信息平台。

(三)成果应用

成果应用包含综合决策服务、绿色低碳发展、环境管理支撑三个指标。

1.综合决策服务

指标释义:生态环境分区管控在支撑生态环境参与综合决策、服务国家和地方重大战略等方面的应用情况。

目标要求:落实《中共中央办公厅　国务院办公厅关于加强生态环境分区管控的意见》第六条、第八条和《生态环境分区管控管理暂行规定》第十四条、第二十八条要求。

评价内容:围绕"落实国家和地方重大战略,服务综合决策;优化营商环境,提升管理效能"等应用方向,给出实施应用的具体事项清单,统计服务支撑的战略、政策及规划数量和引导落地的重大项目数量,评估说明在各事项中应用的具体内容、取得的成效、发挥的作用,总结应用模式和相关经验做法。

数据来源:省级和市级生态环境主管部门。

2.绿色低碳发展

指标释义:生态环境分区管控在促进绿色低碳发展等方面的应用情况。

目标要求:落实《中共中央办公厅　国务院办公厅关于加强生态环境分区管控的意见》第七条和《生态环境分区管控管理暂行规定》第十五条、第二十八条要求。

评价内容:围绕"严格环境准入,促进绿色低碳发展"应用方向,给出实施应用的具体事项清单,统计辅助审查审批的环评数量,评估说明在各事项中应用的具体内容、取得的成效、发挥的作用,总结应用模式和相关经验做法。

数据来源:省级和市级生态环境主管部门。

3.环境管理支撑

指标释义:生态环境分区管控在提升生态环境治理效能等方面的应用情况。

目标要求:落实《中共中央办公厅　国务院办公厅关于加强生态环境分区管控的意见》第九条、第十条、第十一条和《生态环境分区管控管理暂行规定》第十六条、第二十八条要求。

评价内容:围绕"严守生态保护红线,维护生态安全格局;推动环境质量改善,提升城乡人居环境品质;强化生态环境保护政策协同,健全源头预防体系;加强生态环境问题线索筛选,为督察执法提供支撑;助力生态文明示范创建,支撑美丽中国建设"等应用方向,给出实施应用的具体事项清单,评估说明在各事项中应用的具体内容、取得的成效、发挥的作用,总结应用模式和相关经验做法。

数据来源:省级、市级生态环境主管部门及其他相关部门。

(四)监督管理

监督管理包含日常监管工作开展情况、违规行为处理整改情况、生态功能和环境质量变化情况三个指标。

1. 日常监管工作开展情况

指标释义:省级和市级生态环境分区管控监督管理工作开展情况。

目标要求:落实《意见》第十二条和《暂行规定》第七章有关要求。

评价内容:说明各地区是否按《意见》和《暂行规定》要求开展了监督管理工作,有无出现因违反生态环境分区管控要求而被中央领导批示督办、被中央生态环境保护督察公开通报或者被媒体曝光的负面典型案例。

数据来源:省级和市级生态环境主管部门。

2. 违规行为处理整改

指标释义:监督管理中发现的违规行为处理整改情况。

目标要求:落实《意见》第十二条和《暂行规定》第三十二条、第三十三条有关要求。

评价内容:统计分析监督管理发现的违规行为数量、情形以及处理整改情况。

数据来源:省级和市级生态环境主管部门。

3. 生态功能和环境质量变化情况

指标释义:三类单元生态功能和环境质量变化情况。

目标要求:落实《暂行规定》第二十八条、第三十一条有关要求。

评价内容:分析说明全省及各地市优先保护单元生态功能变化情况、重点和一般管控单元生态环境质量变化情况,给出生态功能降低的优先保护单元清单以及环境质量下降的重点和一般管控单元清单。

其中,优先保护单元生态功能变化情况评估方法如下:衔接利用生态环境状况公报等已有成果,说明评价时段内全省及各地市生态质量指数 EQI 年际变化情况,并识别出生态质量变差的县级行政区名单;对于生态质量变差的县级行政区,将县域内优先保护单元与卫星遥感监测结果叠加分析,采用《区域生态质量评价办法(试行)》中的生态功能指标及其计算方法,计算各优先保护单元的生态功能指数值,依据生态功能计算结果,筛选并列表给出评价时段内生态功能下降的优先保护单元,结合卫星遥感监测的人为活动情况等材料,分析说明下降原因。

重点和一般管控单元生态环境质量变化情况评估方法如下:衔接利用生态环境质量监测与评估成果,将重点和一般管控单元与大气、地表水以及海水监测评价结果叠加分析,说明全省及各地市重点和一般管控单元生态环境质量总体变化情况;根据环境空气质量指数 AQI、地表水和海水水质类别变化情况,筛选并列表给出评价时段内环境质量下降的监测点位所在的重点和一般管控单元,并分析环境质量下降的原因。数据来源:省级和市级生态环境主管部门。

三、跟踪评估程序

省级自评。省级生态环境主管部门应当根据本省生态环境分区管控工作推进职责分工,组织各地市、各部门对照跟踪评估内容进行自评,形成自评估报告并按程序报生态环境部。

自评估报告应当包含跟踪评估事项进展情况、问题清单、有关建议、后续工作计划等内容,并附相关支撑材料。自评估报告可由生态环境主管部门自行编制,也可委托第三方编制。

国家评估。生态环境部结合日常监管、专项评估和各省自评估报告开展综合评估,形成评估结果并通报地方。

第六节　河南省生态环境分区管控主要成果

一、河南省生态环境分区管控历程

2019 年 3 月,河南省印发《河南省区域空间生态环境评价(编制"三线一单")工作实施方案》,启动河南省生态环境分区管控方案编制工作。

2020 年 12 月,印发了《河南省人民政府关于实施"三线一单"生态环境分区管控的意见》(豫政〔2020〕37 号),2021 年印发河南省生态环境分区管控方案。

为适应当前生态环境保护新形势,提升生态环境分区管控成果时效性和针对性,2023 年,按照国家指导、省级统筹、地市落地的工作模式,开展河南省生态环境分区管控成果动态更新工作。此次更新充分衔接全省已划定的"三区三线"成果和国土空间总体规划、自然保护地整合优化最新成果,以及我省碳达峰碳中和、"十四五"相关规划、环境质量改善目标等相关要求,在深入评估区域生态环境质量状况与变化趋势的基础上,对各环境要素分区域分阶段的环境质量底线目标等进行更新完善,进一步细化生态环境管控单元,并从推动产业布局结构优化、资源能源高效利用、污染物排放削减管控等方面,优化完善生态环境准入清单,为服务区域经济高质量发展和生态环境高水平保护提供指引。

2024 年年初,河南省生态环境厅公布河南省"三线一单"生态环境分区管控更新成果(2023 年版),初步建成了生态环境分区管控体系。

二、河南省生态环境分区管控成果

(一)管控单元

目前,河南省全域共划分生态环境管控单元 1145 个,其中,优先保护单元 353 个、面积 44560.49 km^2,占全省面积 26.89%;重点管控单元 677 个、面积 48696.10 km^2,占全省面积 29.38%;一般管控单元 115 个、面积 72479.53 km^2,占全省面积 43.73%。河南省生态环境分区管控的单元分布图详见二维码。河南省生态环境管控总体要求见表 1-1。

河南省生态环境分区管控的单元分布图

（二）准入清单

目前,河南省形成了"1+1+4+18+N"的生态环境准入清单体系框架。第一个"1"为全省生态环境总体准入要求,第二个"1"为重点区域(京津冀及周边地区)生态环境管控要求,"4"为重点流域(省辖黄河流域、省辖淮河流域、省辖海河流域、省辖长江流域)生态环境管控要求,"18"为各省辖市(含济源示范区)市级生态环境管控总体要求,"N"为1145个管控单元生态环境准入清单。

表1-1　河南省生态环境管控总体要求

环境管控单元分区	管控类别	准入要求
优先保护单元	空间布局约束	1. 生态保护红线: 生态保护红线内自然保护地核心保护区外,禁止开发性、生产性建设活动,在符合法律法规的前提下,仅允许以下对生态功能不造成破坏的有限人为活动。生态保护红线内自然保护区、风景名胜区、饮用水水源保护区等区域,依照相关法律法规执行。 (1)管护巡护、保护执法、科学研究、调查监测、测绘导航、防灾减灾救灾、军事国防、疫情防控等活动及相关的必要设施修筑。 (2)原住居民和其他合法权益主体,允许在不扩大现有建设用地、耕地、水产养殖规模和放牧强度(符合草畜平衡管理规定)的前提下,开展种植、放牧、捕捞、养殖等活动,修筑生产生活设施。 (3)经依法批准的考古调查发掘、古生物化石调查发掘、标本采集和文物保护活动。 (4)按规定对人工商品林进行抚育采伐,以提升森林质量、优化栖息地、建设生物防火隔离带等为目的的树种更新,和依法开展的竹林采伐经营。 (5)不破坏生态功能的适度参观旅游、科普宣教及符合相关规划的配套性服务设施和相关的必要公共设施建设及维护。 (6)必须且无法避让、符合县级以上国土空间规划的线性基础设施、通讯和防洪、供水设施建设和船舶航行、航道疏浚清淤等活动;已有的合法水利、交通运输等设施运行维护改造。 (7)地质调查与矿产资源勘查开采。 (8)依据县级以上国土空间规划和生态保护修复专项规划开展的生态修复。 (9)法律法规规定允许的其他人为活动。 2. 一般生态空间: (1)以保护各类生态空间的主导生态功能为目标,原则上按限制开发区域要求进行管理。严禁有损主导生态功能的开发建设活动,不得随意占用和调整。依据国家和河南省相关法律法规、管理条例和管理办法,对功能属性单一、管控要求明确的生态空间,按照生态功能属性的既有要求管理;对功能属性交叉且均有既有管理要求的生态空间,按照管控要求的严格程度,从严管理。 (2)自然保护区、风景名胜区、饮用水水源保护区等区域,依照相关法律法规执行。 (3)严格控制在优先保护类耕地集中区域新建有色金属冶炼、石油加工、化工、焦化、电镀、制革等行业企业,不予审批可能造成耕地土壤污染的建设项目。

续表 1-1

环境管控单元分区	管控类别	准入要求
重点管控单元	空间布局约束	1. 根据国家产业政策、区域定位及环境特征等,建立差别化的产业准入要求,鼓励建设符合规划环评的项目。 2. 推行绿色制造,支持创建绿色工厂、绿色园区、绿色供应链。 3. 推进新建石化化工项目向资源环境优势基地集中;引导化工项目进区入园,促进高水平集聚发展。 4. 强化环境准入约束,坚决遏制"两高一低"项目盲目发展,对不符合规定的项目坚决停批停建。 5. 涉及产能置换的项目,被置换产能及其配套设施关停后,新建项目方可投产。 6. 加快城市建成区内重污染企业就地改造、退城入园、转型转产或关闭退出。 7. 将土壤环境要求纳入国土空间规划,根据土壤污染状况和风险合理规划土地用途。对列入建设用地土壤污染风险管控和修复名录的地块,不得作为住宅、公共管理与公共服务用地;不得办理土地征收、回购、收购、土地供应以及改变土地用途等手续。 8. 在集中供热管网覆盖地区,禁止新建、扩建分散燃煤供热锅炉。
	污染物排放管控	1. 重点行业建设项目应满足区域、流域控制单元环境质量改善目标管理要求。 2. 强化项目环评及"三同时"管理。新建、扩建"两高"项目应采用先进的工艺技术和装备,单位产品污染物排放强度应达到清洁生产先进水平。其中,国家、省绩效分级重点行业新建、扩建项目达到 A 级水平,改建项目达到 B 级以上水平。 3. 以钢铁、焦化、铸造、建材、有色、石化、化工、工业涂装、包装印刷、电镀、制革、石油开采、造纸、纺织印染、农副食品加工等行业为重点,开展全流程清洁化、循环化、低碳化改造;加快推进钢铁、水泥、焦化行业超低排放改造。 4. 严格控制生产和使用高 VOCs 含量涂料、油墨、胶黏剂、清洗剂等建设项目,提高低(无)VOCs 含量产品比重。实施源头替代工程,加大工业涂装、包装印刷和电子行业低(无)VOCs 含量原辅材料替代力度。 5. 采矿项目矿井涌水应尽可能回用生产或综合利用,外排矿井涌水应满足受纳水体水功能区划和控制断面水质要求;选厂的生产废水及初期雨水、矿石及废石场的淋溶水、尾矿库澄清水及渗滤水应收集回用,不外排。 6. 新建、扩建开发区、工业园区同步规划建设污水收集和集中处理设施,强化工业废水处理设施运行管理,确保稳定达标排放;按照"减量化、稳定化、无害化、资源化"要求,加快城镇污水处理厂污泥处理设施建设,新建污水处理厂必须有明确的污泥处置途径;依法查取缔非法污泥堆放点,禁止重金属等污染物不达标的污泥进行土地利用。 7. 建议企业采用先进的治理技术,并打造行业噪声污染治理的示范典型。排放噪声的工业企业应切实采取减振降噪措施,加强厂区内固定设备、运输工具、货物装卸等噪声源管理,同时避免突发噪声扰民。

续表1-1

环境管控单元分区	管控类别	准入要求
重点管控单元	环境风险防控	1.依法推行农用地分类管理制度,强化受污染耕地安全利用和风险管控;用途变更为住宅、公共管理与公共服务用地或有土壤污染风险的建设用地地块,应当依法开展土壤污染状况调查,污染地块经治理与修复,并符合相应规划用地土壤环境质量要求后,方可进入用地程序;合理规划污染地块土地用途,鼓励农药、化工等行业中重度污染地块优先规划用于拓展生态空间。 2.以涉重涉危及有毒有害等行业企业为重点,加强水环境风险日常监管;推进涉水企业的环境风险排查整治、风险预防设施设备建设;制定水环境污染事故处置应急预案,加强上下游联防联控,防范跨界水环境风险,提升环境应急处置能力。 3.化工园区内涉及有毒有害物质的重点场所或者重点设施设备(特别是地下储罐、管网等)应进行防渗漏设计和建设,消除土壤和地下水污染隐患;建立完善的生态环境监测监控和风险预警体系,相关监测监控数据应接入地方监测预警系统;建立满足突发环境事件情形下应急处置需求的应急救援体系、预案、平台和专职应急救援队伍,配备符合相关国家标准、行业标准要求的人员和装备。
	资源利用效率	1."十四五"时期,规模以上工业单位增加值能耗下降18%,万元工业增加值用水量下降10%。 2.新建、扩建"两高"项目单位产品物耗、能耗、水耗等达到清洁生产先进水平。 3.实施重点领域节能降碳改造,到2025年钢铁、电解铝、水泥、炼油、乙烯、焦化等重点行业产能达到能效标杆水平的比例超过30%,行业整体能效水平明显提升,碳排放强度明显下降,绿色低碳发展能力显著增强。 4.对以煤、石油焦、渣油、重油等为燃料的锅炉和工业炉窑,加快使用工业余热、电厂热力、清洁能源等进行替代。 5.除应急取(排)水、地下水监测外,在地下水禁采区内,禁止取用地下水;在地下水限采区内,禁止开凿新的取水井或者增加地下水取水量。
一般管控单元	空间布局约束	1.严格执行国家、河南省法律法规及产业政策要求,不得引进淘汰类、限制类及产能过剩的产品。 2.在永久基本农田集中区域,不得新建可能造成土壤污染的建设项目;已经建成的,应当限期关闭拆除。
一般管控单元	污染物排放管控	重点行业建设项目应满足区域、流域控制单元环境质量改善目标管理要求。
	环境风险防控	完善环境风险常态化管理体系,强化环境风险预警防控与应急,保障生态环境安全。
	资源利用效率	实行煤炭、水资源消耗总量和强度双控,优化能源结构,全面推行清洁能源替代,提升资源能源利用效率。

（三）平台建设

按照《生态环境部关于实施"三线一单"生态环境分区管控的指导意见（试行）》等文件要求，河南省建设了"河南省'三线一单'综合信息应用平台"，并于2023年6月启动，平台运用互联网、大数据、人工智能等现代信息技术手段，实现了生态环境分区管控成果数据的集中化管理、动态化更新、智能化研判，无缝化共享。同时，叠加生态保护红线、自然保护地、饮用水水源保护区等相关数据，加强成果查询及项目选址辅助分析等方面应用。开发公众端、移动APP端、小程序，多渠道免费开放，成果数据实现部门、企业、公众共享共用。截至2025年4月底，平台累计访问量达11万余次，为项目落地提供了科学的指导依据。

河南省"三线一单"综合信息应用平台示意图详见二维码，平台具体信息详见 http://222.143.64.178:5001/publicService/

河南省"三线一单"综合信息应用平台示意图

三、河南省生态环境分区管控实施应用情况

省、市两级生态环境分区管控成果实施以来，在重大规划编制、黄河流域生态保护和高质量发展、产业布局优化和绿色发展、生态环境管理和环评、"两高"行业源头控制等方面发挥了重要作用，为推进河南省高质量发展和高水平保护发挥了重要作用。

（一）衔接重大规划编制方面

生态环境分区管控是一项对全省生产力布局产生重大影响、意义深远的工作，不只是生态环境部门的工作，而是对各部门生态环境管理工作的一个集成。为确保编制成果科学合理，符合实际，需要各部门间沟通对接，建立动态联络机制，充分衔接省城镇开发边界、自然保护地、生态保护红线、全省水资源配置等最新成果，处理好生态环境分区管控与国土空间规划的关系、生态环境分区管控与各部门"十四五"规划目标指标的关系。河南省生态环境分区管控成果与各地市国土空间规划及"十四五"生态环境等规划编制有效衔接，以绿色低碳发展、生态安全为出发点，以环境资源承载力为依据，以规划的空间布局、用地布局为重点，科学划定生态保护红线、环境质量底线和资源利用上线。

（二）引领产业布局优化方面

河南省生态环境分区管控落实高质量发展要求，以生态环境分区管控为前提，坚持产城融合、集约高效、有所为有所不为理念，提出不同工业园区和城镇空间差异化准入布局。一方面，利用生态环境分区管控成果，依据区域环境质量状况、环境承载力和资源消耗特点等因素，实行差异化分区管控。针对非工业园区依据性质划分成城镇重点管控单

元或要素重点管控单元或一般管控单元,实行以生态治理为主的综合管控。工业园区作为工业重点管控单元,依据产业发展、污染物排放管控和环境风险管控等实行精细化、差异化管控,确定行业分类准入条件。另一方面,利用生态环境分区管控差异化打造生态产业链,形成错位发展,构成上下游发展链,避免造成竞争发展效应。河南省把划定并实施生态环境分区管控作为助推经济高质量发展与生态环境高水平保护的关键性举措,坚持"划好框子定准规则",采用"源头严防、过程严管、末端严治"的闭环治理模式,重点优化产业布局和结构调整、资源开发以及重大项目选址,协同推进生态环境治理体系和治理能力现代化建设,为进一步加快建设经济、文化、生态、开放的现代化河南提供了坚实的生态环境保障。

(三)指导规划环评编制方面

生态环境分区管控与规划环评在生态环境管理体系中均起到源头预防的作用,二者的有效衔接对提高环境管理效率和质量有重要意义。生态环境分区管控成果能有效指导规划环评工作,在生态环境分区管控要求下聚焦问题、解决问题,对规划环评在环境管理制度中所起的源头预防作用有重要的指导意义。河南省生态环境分区管控从空间布局优化、污染物排放管控、环境风险防控、资源能源利用等方面提出生态环境管控要求和生态环境准入清单。以生态环境质量持续改善为刚性约束,在产业功能区内,实行生态环境分区管控制度、规划环评与项目环评"联动共享"管理,规划环评直接引用生态环境分区管控准入要求,在此基础上分析行业准入明细;项目环评直接引用区域环境质量变化趋势及污染调查结果,可依托产业园区配套基础设施的影响分析,可利用产业园区跟踪监测的方案。依据生态环境分区管控和规划环评管控要求,建立项目环评审批正面清单管理,对环境影响总体可控、就业密集型等民生相关的部分行业实行环评告知承诺制审批,健全环评审批协调服务机制,主动指导、并联审批,优化建设项目环评审批服务,打造审批"高速公路",保障区域经济绿色高质量发展。

(四)建设项目环评审批方面

生态环境分区管控体系从空间布局优化、污染物排放管控、环境风险防控、资源开发利用效率要求四个维度对区域空间准入提出了明确要求。有利于提高环评文件编制质量、加快技术评估和环评审批进度、提高审批效率、服务经济高质量发展和生态环境高水平保护。河南省将生态环境分区管控制度作为生态文明体制改革的一项新举措,推动工作走深走实。在项目环评应用中,生态环境分区管控发挥了顶层引领的重要作用,使项目环评过程中重点关注的生态环境政策、生态环境敏感目标、环境准入要求、生态环境保护措施等一目了然,节省了环评文件编制中搜集各类生态环境基础资料的时间,大幅提升技术评估和环评审批进度、提高审批效率和环评文件编制质量,有利于推动建设项目生态环境保护措施的精准落实,也有利于项目尽快落地实施。与此同时,积极发挥生态环境分区管控的预评估作用,在建设项目环评文件编制初期,审批人员提前介入,分析项目与"三线一单"的相符性,并将结果快速告知建设单位,在源头阶段对项目进行有效管控。

(五)助力生态环境执法监管

河南省以生态环境分区管控成果为导向,将生态环境分区管控确定的优先保护单

元、重点管控单元作为环境监管重点区域,将生态环境分区管控要求作为生态环境监管的重要依据和指南,坚决制止违反生态环境准入清单规定进行生产建设活动的行为,提升精准监管水平,有效增强了生态环境执法监管效果,提升生态环境治理现代化水平。鼓励各地市生态环境局积极探索生态环境分区管控成果在执法领域的深度应用,坚持严格执法、依法执法、廉洁执法、文明执法、公正执法,不断优化执法方式,提高执法效率,促进生态环境质量改善,确保生态功能不降低、环境质量不下降、资源环境承载能力不突破。

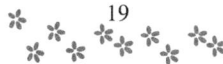

第二章

河南省淮河流域概况

第一节　自然概况

一、地理位置

淮河是我国七大江河之一,淮河流域河南段处于淮河流域的中上游,流经河南省东南部,位于长江、黄河两大水系之间。淮河流域河南段是河南省辖淮河、黄河、海河及长江四大流域中的最大流域,该流域河南境内总河长 340 km,流域面积 8.83 万 km²,占淮河流域总面积的 32.7%,占河南全省总面积的 52.9%,其中山区 1.94 万 km²、丘陵 1.45 万 km²、平原 5.44 万 km²。在河南省境内干流长 340 km,占淮河干流总长的 1/3,覆盖信阳、周口、漯河、许昌、平顶山、开封、商丘等 7 个省辖市及郑州、洛阳、南阳、驻马店等 4 个省辖市的部分地区,共涉及 11 个省辖市 83 个县(市、区),经安徽、江苏后注入黄海。该流域不仅是我国重要的粮食基地,也是我国重要的能源基地和交通枢纽,其流域地理位置见二维码。

淮河流域地理位置

二、地形地貌

河南省辖淮河流域以平原为主,地形基本态势为西高东低。西部和南部为山区、丘陵,约占流域总面积的 36%;其余为平原、低地,约占流域总面积的 64%。山地中,以沙颍河上游的尧山最高,为 2153 m,处于流域的最高峰,西部伏牛山、桐柏山区高程为 200 ~ 500 m;南部的大别山区高程为 300 ~ 1800 m;丘陵作为山地的延伸,高程范围为 50 ~ 200 m。

三、土壤特征

西部伏牛山区主要为棕土和褐土,丘陵区主要为褐土;淮河以南山区为黄棕壤,丘陵区主要为水稻土。淮河以北平原北部为黄潮土,中、南部主要为砂姜黑土。

四、气候水文

河南省辖淮河流域处于我国南北气候的过渡带,南北气候特征差异明显,分别表现出暖温带和亚热带的季风气候,四季分明、雨热同期。温度年均值在 11 ~ 16 ℃内变化,由北向南呈逐渐递增趋势;降雨量年际变化大,多年均值在 500 ~ 1100 mm,呈现出由北向南逐渐递增的趋势。

五、河流水系

淮河古名淮水,发源于桐柏县西南桐柏山太白顶,干流在河南省固始县三河尖以东的陈村流入安徽省,经洪泽湖入长江,全长 1000 km,流域面积 27 万 km²,河南省辖淮河流域面积为 8.83 万 km²,占整个淮河流域面积的 32.7%,占全省总面积的 52.9%。主要支流有淮南支流、洪汝河、沙颍河、豫东平原涡河和惠济河等。河南省境内建有南湾、石山口、五岳、泼河、鲇鱼山、薄山、宿鸭湖、板桥、石漫滩、昭平台、白龟山、燕山、白沙、孤石滩等大型水库14座。淮河干流信阳市境内出山店、北汝河干流汝阳县境内前坪2座大型水库正在建设。河南省辖淮河流域水系见二维码。

河南省辖淮河流域水系图

(一)淮河干流及淮南支流

淮河干流省界以上河长 417 km,流域面积 37752 km²。淮河干流南岸主要支流有浉河、竹竿河、潢河、白露河、史灌河等。

(1)浉河,原名浉子河,又名浉水,浉口水。源出湖北应山县黄土山,经平靖关、谭家河,自西向东穿信阳市境,经五里店、高胻至丘湾西入淮河,河长 147 km,流域面积 2012 km²。

(2)竹竿河,一名定北海,即《水经注》之谷水。发源于湖北省大悟县袁家湾,经大悟、光山、罗山、息县庞湾村入淮河,河长 131 km,流域面积 2587 km²。

(3)潢河,《水经注》谓之黄水。发源于新县的万子山,经新县、光山、潢川三县至新台入淮河,河长 163 km,流域面积 2400 km²。

(4)白露河,又名淠水。发源于新县小界岭,经新县、商城、光山、潢川、固始、淮滨至谷堆吴寨入淮河,河长 148 km,流域面积 2211 km²。

(5)史灌河,又名史河,决水。发源于安徽省金寨县牛山,至固始县三河尖入淮河,河

长 250 km，流域面积 6816 km²。

(二)洪汝河

洪汝河为淮河上游左岸一支较大独立水系，发源于驻马店市西部伏牛山余脉，在新蔡县班台汇合口以上分为两支，左支洪河，右支汝河；班台汇合口以下称大洪河，大洪河从新蔡县黑龙潭附近出境，沿豫皖边界东南流，至淮滨县洪河口入淮河。洪河口以上流域面积 12331 km²。主要支流有洪河、汝河、臻头河、北汝河等。

(1)洪河，发源于平顶山舞钢市与泌阳县交界处的龙头山，流经舞钢市、西平县、上蔡县、平舆县，至新蔡县班台与汝河汇合，河长 251.5 km，流域面积 4287 km²。

(2)汝河，发源于泌阳县西北部五峰山，干流流经泌阳、遂平、上蔡、汝南、平舆、新蔡六县，至新蔡县班台与洪河汇合，河长 222.5 km，流域面积 7376 km²。

(3)臻头河，为汝河第一大支流，源于薄山水库上游确山县鸡冠山，在汝南县入宿鸭湖水库，为山丘区河道，河长 121 km，流域面积 1840 km²。

(4)北汝河，是汝河第二大支流，主干分两支：北支发源于西平县杨庄；南支发源于遂平县西的嵖岈山。在上蔡县汇合，流经汝南县，在沙口汇入汝河，河长 59.6 km，流域面积 1273 km²。

(三)沙颍河

沙颍河是淮河最大支流，干流在河南省境内称沙河，入安徽省境内称颍河，发源于河南省鲁山县伏牛山东麓，经平顶山、漯河、周口市在安徽省阜阳市颍上县正阳关入淮河。干流长 613 km，流域面积 36660 km²，其中河南省境内干流河长 418 km，流域面积 32815 km²。主要支流有沙河、颍河、北汝河、澧河、贾鲁河、汾河等。

(1)沙河，发源于鲁山县伏牛山东麓，流经平顶山市、宝丰、叶县、襄城、舞阳、郾城、源汇、漯河市、召陵、西华、商水至周口市西与颍河交汇，河长 322 km，流域面积 12580 km²。

(2)颍河，为沙颍河左岸支流，发源于登封市少室山，流经登封市、禹州市、襄城县、许昌建安区、临颍县、郾城区、西华县，至周口市西北孙嘴汇入沙河，河长 264 km，流域面积 7223 km²。

(3)北汝河，为沙颍河左岸支流，发源于洛阳市嵩县龙池漫山跑马岭，流经嵩县、汝阳县、汝州市、郏县、宝丰县、襄城县，于舞阳县岔河口入沙河，河长 275 km，流域面积 5660 km²。

(4)澧河，为沙颍河右岸支流，发源于南阳市方城县四里店以北栗树沟，流经方城县、叶县、舞阳县、漯河市，在漯河市区丁湾注入沙河，河长 160 km，流域面积 2508 km²。

(5)贾鲁河，为沙颍河左岸支流，发源于新密市圣水峪，流经新密市、郑州市、中牟县、尉氏县、鄢陵县、扶沟县、西华县，于周口市区汇入沙河，河长 264 km，流域面积 6137 km²。

(6)汾河，又名汾泉河，为沙颍河右岸支流，发源于漯河市召陵区柳庄，流经召陵区、商水县、项城市、沈丘县，至临泉县入安徽省境，于安徽省阜阳市三里湾汇入沙颍河。河长 223 km，流域面积 5201 km²，其中河南省境内河长 158 km，流域面积 3362 km²。

(四)豫东平原河道

(1)涡河，是豫东平原地区主要水系，为淮河第二大支流，发源于河南省开封市西姜

砼乡郭厂。流经通许、杞县、扶沟、太康、柘城、鹿邑至蒋营入安徽境,于怀远县入淮河。河南省内干流河长179 km,流域面积为4320 km²。

(2)惠济河,是涡河左岸最大支流,发源于开封西北黄河堤脚,发端部分称黄汴河,至开封市区东南城脚的济梁闸后,始称惠济河。流经开封、杞县、睢县、柘城、鹿邑至安徽省亳县大刘庄村入涡河。河南省内干流河长166 km,流域面积为4130 km²。

(3)黄河故道,又名废黄河。是历史上黄河长期夺淮入海留下的黄泛故道,西起河南省兰考县三义寨东坝头,向东沿民权、宁陵、商丘、虞城县入安徽,于江苏省滨海县大淤尖入黄海。河南省境内河长136 km,流域面积1520 km²。

第二节 经济发展水平

一、人口概况

根据《河南统计年鉴2023》,对流域内各地市涉及人口进行分析。2022年,我省淮河流域常住人口5794.43万人,占全省常住人口的58.7%;城镇化率55.8%,低于河南省城镇化率(57.05%);淮河流域人口密度为656人/km²,高于河南省平均人口密度(591人/km²)。

流域内各省辖市中常住人口和城镇人口占比较大的省辖市为郑州、周口、商丘、驻马店和信阳,常住人口占淮河流域的70%,城镇人口占淮河流域的70.9%(图2-1)。流域内各省辖市城镇化率差异较大,城镇化率最高的省辖市为郑州市,达到80.53%,高于河南省城镇化率23.47百分点;其次是漯河市为56.49%,再次是许昌市为55.18%,但均低于河南省城镇化率;城镇化率较低的周口市为44.33%,郑州市城镇化率是周口市的1.82倍,河南省城镇化率是周口市的1.29倍。由此可见,除了郑州外,淮河流域涉及的地市城镇化率水平整体偏低,农村人口居多。

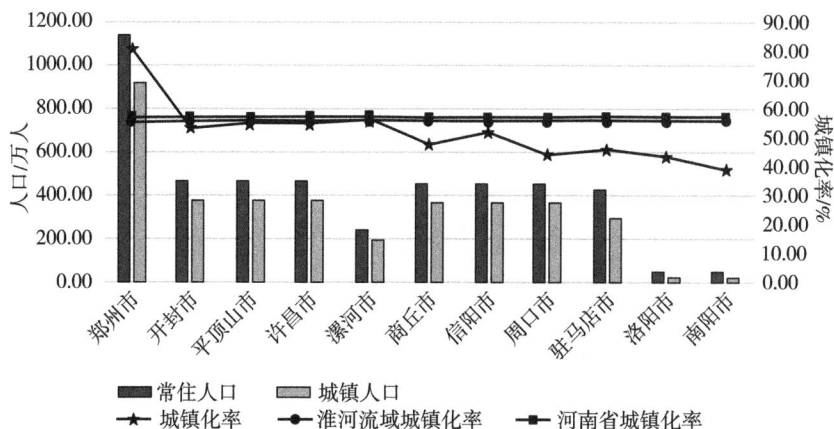

图2-1 淮河流域各地市人口和城镇化率情况

扫码见彩图

23

二、社会经济概况

2022 年,河南省淮河流域 GDP 总量为 36114.24 亿元,占河南省 GDP 总量(61345.05 亿元)的 58.87%;人均 GDP 为 62325.74 元,略高于河南省人均 GDP(62106 元);三次产业结构比例为 9.72:40.56:49.72,与河南省三次产业结构比例(9.48:41.51:49.01)相比,一产和三产略高于全省平均值,二产略低于全省平均值。

从分区域 GDP 来看(图 2-2),流域内经济总量差别较大,9 个省辖市经济排名前五的为郑州、许昌、周口、信阳和驻马店,GDP 分别占流域的 31.9%、10.37%、10.02%、9.06% 和 8.88%。流域内各省辖市 GDP 总量相差较大,GDP 贡献最大的郑州市是漯河市的 6.36 倍、是贡献最小的南阳市的 56.96 倍(图 2-3)。

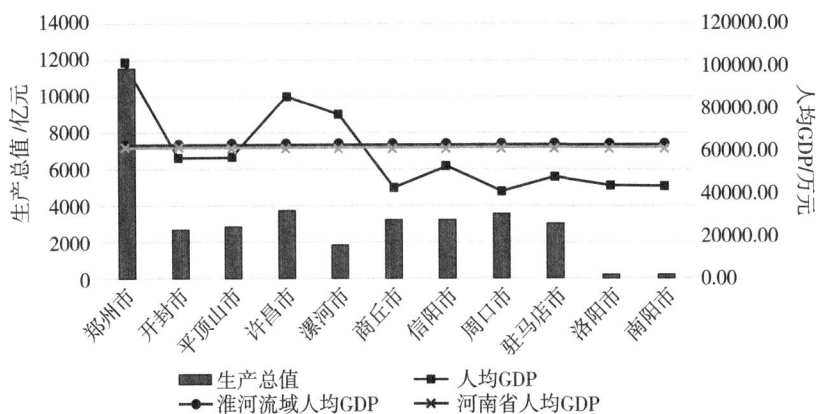

图 2-2 淮河流域涉及的各地市 GDP 总量和人均 GDP

扫码见彩图

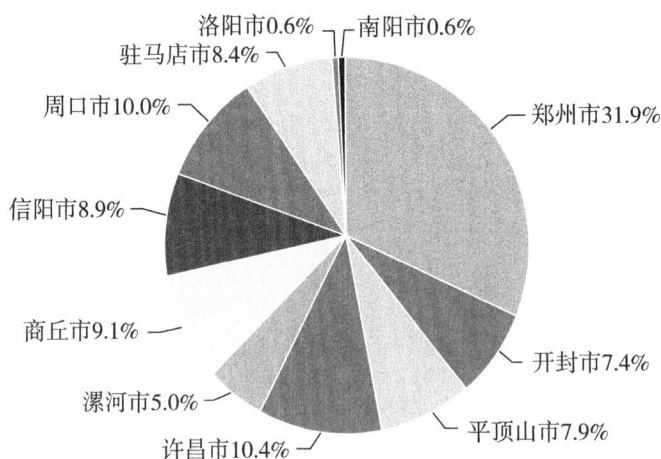

图 2-3 淮河流域各地市 GDP 贡献占比

扫码见彩图

从分区域人均 GDP 来看,流域内人均经济发展水平差距较大,9 个省辖市人均 GDP 仅郑州、许昌、漯河三个省辖市高于河南省平均水平(62106 元),其他省辖市均低于河南省平均水平,其中排名后 2 名的为周口(41046.07 元)、商丘(42313.07 元)。

从分区域三产占比来看(图 2-4),流域内第一产业占比较高的省辖市是信阳市、商丘市、驻马店市、周口市和开封市,分别占流域内各省辖市生产总值的 18.54%、18.24%、17.43%、17.3% 和 14.36%。流域内第二产业占比较高的省辖市是许昌、平顶山和漯河,分别占流域内各省辖市生产总值的 51.98%、45.95% 和 43.58%,均高于河南省第二产业平均水平(41.51%)。流域内第三产业占比较高的省辖市是郑州、漯河和开封市,分别占流域内各省辖市生产总值的 60.51%、47.21% 和 46.52%,仅郑州、漯河第三产业生产总值高于淮河流域及河南省第三产业生产总值平均水平。

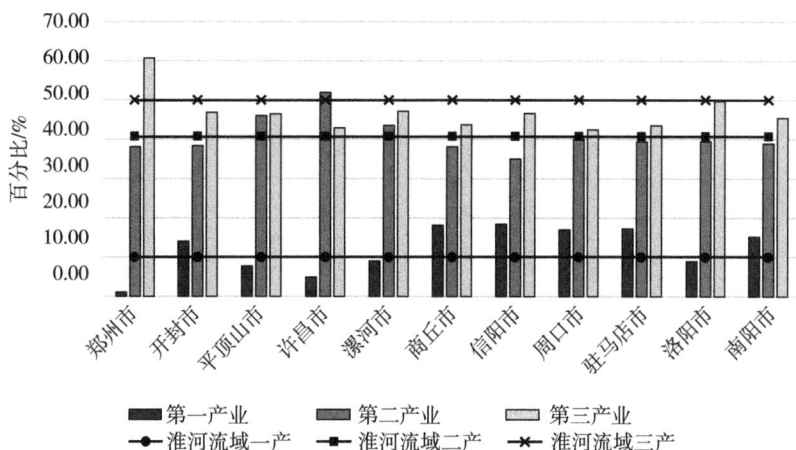

图 2-4　淮河流域各地市三次产业结构比例

扫码见彩图

第三章

河南省淮河流域污染状况

第一节　淮河流域污染物排放现状

一、污水处理厂及污染物排放特征

(一)污水处理厂按设计规模分类

根据河南省 2023 年环境统计数据,河南省淮河流域现状投入运行 205 个城镇污水处理厂(设计规模 0.3 万 t/d 以上污水处理厂纳入统计范围,含工业园区集中式污水处理厂),截至 2023 年年底总建成规模为 1058 万 t/d。现对设计规模分不同档次进行统计分析,结果如图 3-1 所示。

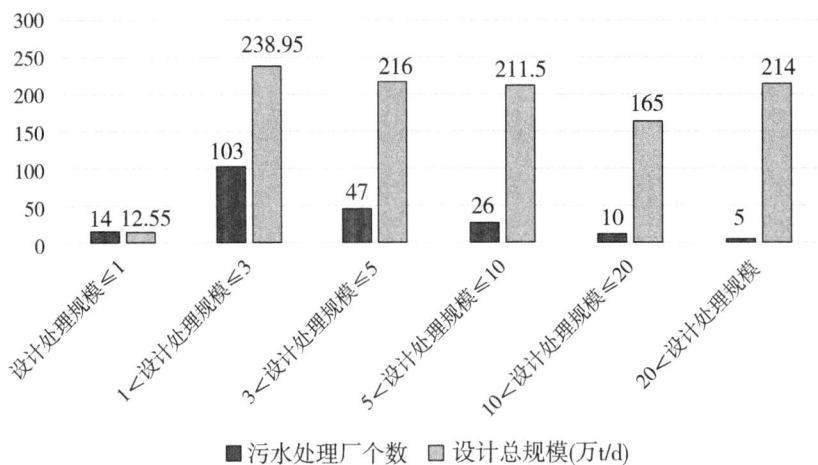

图 3-1　淮河流域污水处理厂设计规模分类　　　　扫码见彩图

由上可知,流域内污水处理厂设计规模主要集中在 1 万~5 万 t/d 的规模,规模较大如 20 万 t/d 以上的污水处理厂较少,郑州市有 4 个,许昌市有 1 个,分别是中原环保股份有限公司马头岗水务分公司 60 万 t/d、郑州市郑东新区水务有限公司陈三桥污水厂 25 万 t/d、

中原环保股份有限公司王新庄水务分公司40万t/d、郑州市污水净化有限公司郑州新区污水处理厂100万t/d和许昌瑞贝卡污水净化有限公司的24万t/d。20 t/d 设计规模的污水处理厂有4个,其中郑州市2个、开封市1个、信阳市1个。

(二)污水处理厂按分布情况分类

按照不同地市的污水处理厂进行统计,河南省淮河流域内污水处理厂所属地主要集中在郑州市、商丘市、周口市(大于25个);郑州市污水处理厂水污染物排放量最大(327.7万t/d),其次是商丘市和周口市。污水处理厂分布情况如图3-2、图3-3所示。

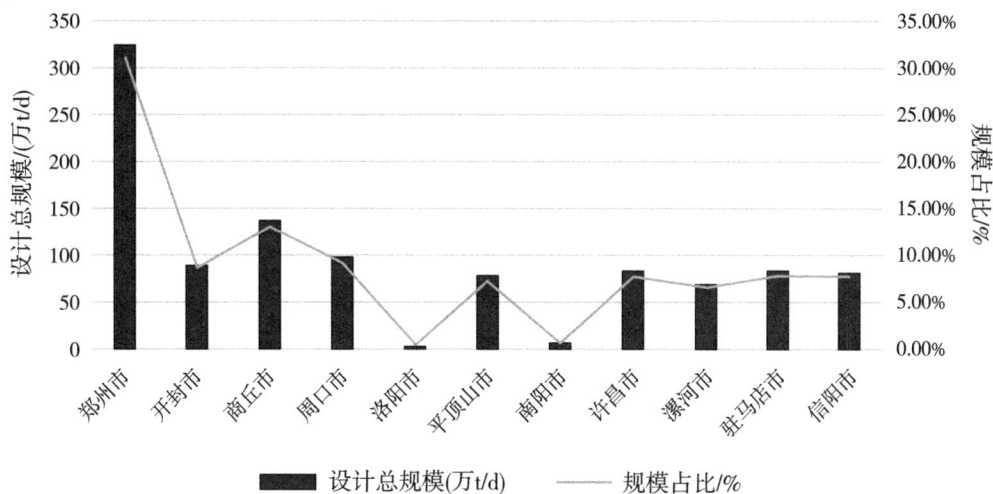

图3-2 各地污水处理厂总处理规模情况

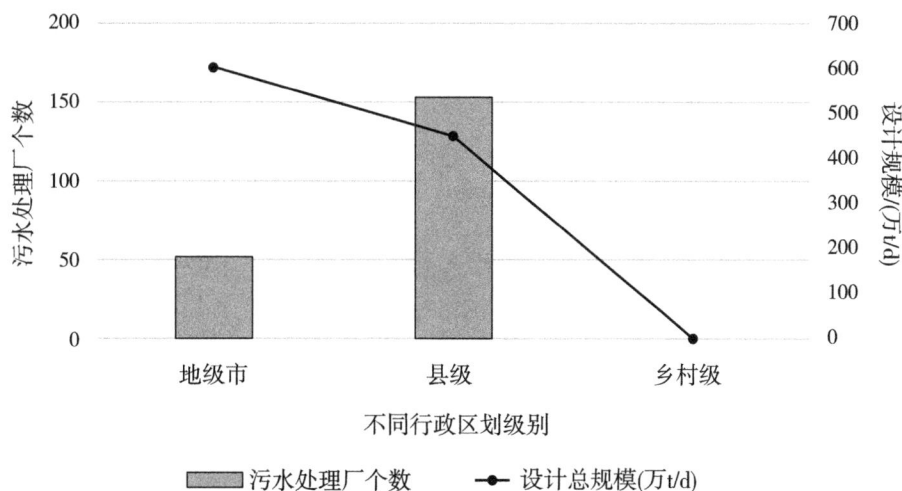

图3-3 不同地区污水处理厂排水量及占比

(三)污水处理厂按类型分类

淮河流域内污水处理厂主要类型可以分为3种类型,城镇污水处理厂、产业集聚区/开发区污水处理厂以及城镇+产业集聚区/开发区污水处理厂的混合污水处理厂,其中城

镇污水处理厂 107 个,设计总规模为 571 万 t/d,数量最多;专门的工业园区污水处理厂 14 个,设计总处理规模为 27.55 万 t/d;兼顾城镇和工业园区的污水处理厂 84 个,按照不同类型的污水处理厂进行统计,结果如图 3-4 所示。

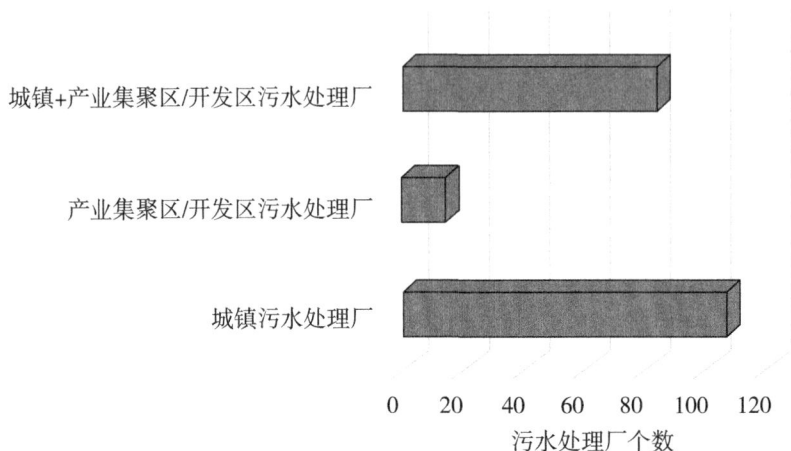

图 3-4 淮河流域污水处理厂类型分布情况

(四)污水处理厂按执行排放标准分类

根据调度情况,对淮河流域内污水处理厂执行排放标准情况进行分析,结果如图 3-5 所示。

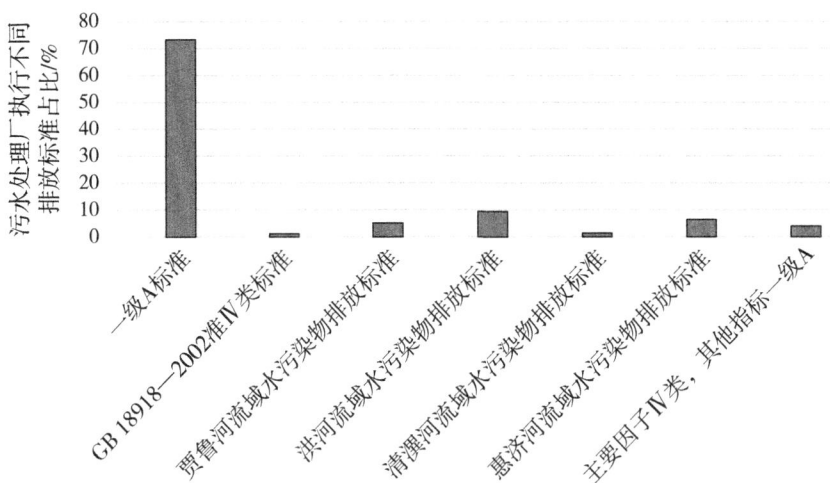

图 3-5 淮河流域污水处理厂执行不同排放标准占比

由图可知,淮河流域内有 151 座污水处理厂执行一级 A 排放标准,占比 73.6%;流域内有 8 家污水处理厂执行主要污染因子(COD、BOD、氨氮、总磷)满足地表水 V 类标准,其他因子执行一级 A 的标准,占比 3.9%,主要涉及郑州市的 2 家、许昌市的 6 家;流域内有 2 家污水处理厂执行《城镇污水处理厂污染物排放标准》(GB 18918—2002)地表水准

Ⅳ类标准,占比1%,主要涉及开封市的1家,周口市的1家;流域内有11家污水处理厂执行《贾鲁河流域水污染物排放标准》,占比5.4%,主要涉及郑州市的11家;流域内有19家污水处理厂执行《洪河流域水污染物排放标准》,占比9.3%,主要涉及平顶山市的3家,驻马店市的16家;流域内有1家污水处理厂执行《清潩河流域水污染物排放标准》,占比0.5%,主要涉及许昌市的1家;流域内有13家污水处理厂执行《惠济河流域水污染物排放标准》,占比6.3%,主要涉及郑州市的13家。

(五)污水处理厂按处理工艺分类

对各污水处理厂处理工艺进行统计分析,结果如表3-1所示。

表3-1　淮河流域污水处理厂处理工艺情况一览表

工艺类型	污水处理厂个数			
	总个数	城镇污水处理厂	产业集聚区污水处理厂	混合污水处理厂
AO+深度处理	6	5	1	
A^2/O+深度处理	68	37	4	27
改良型 A^2O 工艺	20	9	3	8
多级 A/O 工艺	4	4		
氧化沟	14	8		6
改良型氧化沟	16	7		9
改良型卡鲁塞尔氧化沟	12	6	3	3
卡鲁塞尔氧化沟	18	10		8
奥贝尔氧化沟	24	18		6
CASS	4	1	1	2
SBR	3	2	1	
其他工艺	16		1	15
总计	205	107	14	84

由上可知,淮河流域污水处理厂主要采用的工艺有 AO+深度处理、A^2/O+深度处理、改良型 A^2O 工艺、氧化沟、改良型氧化沟、卡鲁塞尔氧化沟、改良型卡鲁塞尔氧化沟、奥贝尔氧化沟、CASS、SBR 等。其中,采用的 A^2/O+深度处理最多,达到68家。

(六)污水处理厂排水去向分类

通过对淮河流域内污水处理厂排水去向情况进行分析,以主要流域为主体进行分类,结果见表3-2。

表 3-2   淮河流域污水处理厂排水去向分类

序号	污水处理厂排水去向	污水处理厂个数	设计总规模/(万 t/d)	占总规模比例
1	贾鲁河	19	249.5	23.58%
2	双洎河	10	43.7	4.13%
3	颍河	15	48.75	4.61%
4	清潩河	11	68	6.43%
5	沙颍河	8	51	4.82%
6	惠济河	19	89	8.41%
7	涡河	12	34.8	3.29%
8	沙河	19	78	7.37%
9	大沙河	5	16.5	1.56%
10	汾河	4	24	2.27%
11	洪河	17	44.5	4.21%
12	包河	5	48	4.54%
13	浍河	6	18.5	1.75%
14	沱河	8	33.5	3.17%
15	潢河	9	22	2.08%
16	淮河	11	35.5	3.36%
17	杨大河	1	1.5	0.14%
18	汝河	14	63	5.95%
19	史河	6	14	1.32%
20	浉河	4	32	3.02%
21	中水回用	2	42	3.97%
	合计	205	1058	

淮河流域污水处理厂的排水去向涉及 19 条主要支流,其中排入贾鲁河流域的污水处理厂有 19 家,贡献 249.5 万 t/d 的排水量,影响最大;排入惠济河流域的污水处理厂有 19 家,贡献 89 万 t/d 的排水量;排入沙河流域的污水处理厂有 19 家,贡献 78 万 t/d 的排水量;排入包河流域虽然只有 5 家,但是贡献 48 万 t/d 的排水量,单位设计规模较大。

(七)污水处理厂排放情况

为掌握流域内城镇污水处理厂现状出水中各指标浓度水平,将各污水厂出水 COD、氨氮、TN 和 TP 的监测值与设定的各档浓度值进行对比分析,得出各指标各档浓度值的数据比例。对流域内 205 座污水处理厂排水去向进行分析,以及对 2023 年度有在线监测数据的 195 座污水处理厂进行分析,污水处理厂排水去向和在线监测主要污染物浓度排

放情况见表3-3。

表3-3　污水处理厂在线监测污染物浓度范围情况

污染物	浓度范围/(mg/L)	个数	占比
COD	<20	168	86.15%
	20~30	27	13.85%
	30~40	0	0
	>40	0	0
	合计	195	100
氨氮	<2	194	99.49%
	2~5	1	0.51%
	>5	0	0
	合计	195	100%
总氮	<10	166	85.13%
	10~15	29	14.87%
	>15	0	0
	合计	195	100%
总磷	<0.3	190	97.43%
	0.3~0.4	4	2.06%
	>0.4	1	0.51%
	合计	195	100%

由上可知,流域内195家污水处理厂在线监测COD平均浓度大于30 mg/L的有0座;COD平均浓度大于20 mg/L、小于30 mg/L的有27座,占13.85%;COD平均浓度小于20 mg/L的有168座,占86.15%。流域内195家污水处理厂在线监测氨氮平均浓度小于2.0 mg/L的有194座,占99.49%;氨氮平均浓度大于2.0 mg/L小于5.0 mg/L的有15座,占0.51%。流域内195家污水处理厂在线监测总氮平均浓度小于10 mg/L的有166座,占85.13%;总氮在线监测浓度大于10 mg/L小于15 mg/L的有29座,占14.87%;总氮在线监测浓度大于15 mg/L有0座,流域内污水处理厂总氮全部达标。流域内195家污水处理厂在线监测总磷平均浓度小于0.3 mg/L的有190座,占97.43%;总磷浓度大于0.3 mg/L小于0.4 mg/L的有4座,占2.06%;总磷在线监测浓度大于0.4 mg/L的有1家,占0.51%。

二、流域工业企业及水污染物排放特征

（一）开发区分布情况

淮河流域（河南段）共有省级先进制造业开发区 101 个，占全省 184 个制造业开发区的 54.8%，主要分布在郑州市（占 14.9%）、平顶山市（占 12.9%）、周口市（占 11.9%）、驻马店市（占 10.9%）、商丘市（占 10.9%），各省辖市先进制造业开发区分布情况如图 3-6 所示。

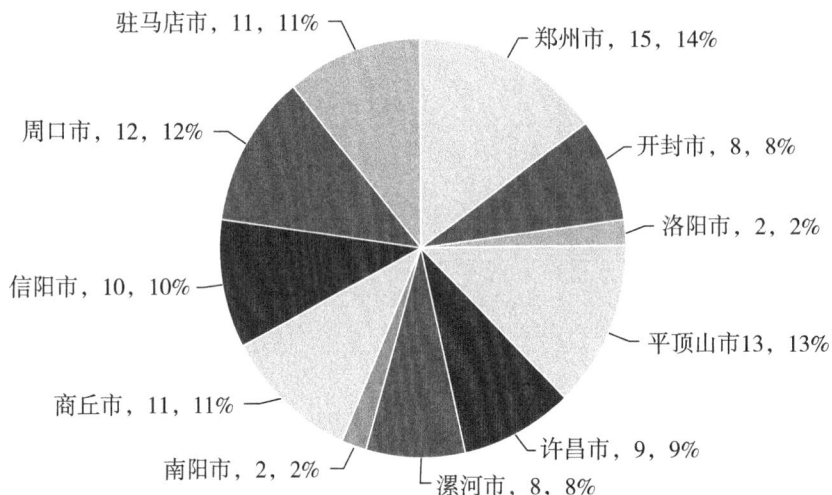

图 3-6　流域先进制造业开发区分布情况　　　　扫码见彩图

从各开发区主导产业看，主要集中在装备制造、农副食品加工、电子信息等，部分开发区以化工行业为主导产业。

（二）行业企业分布情况

淮河流域工业企业数量占全省工业企业的 44.2%，其中非金属矿物制品业占比 20.2%，金属制品业占比 10.4%，农副食品加工业占比 7.6%，通用设备制造业占比 5.4%，橡胶和塑料制品业占比 5.3%，家具制造业占比 5.1%，专用设备制造业占比 5.0%，食品制造业占比 4.3%，废弃资源综合利用占比 4.2%，纺织服装、服饰业占比 3.4%，化学原料和化学制品制造业占比 3.1%，其他工业企业占比 26.0%。各主要行业占比情况如图 3-7 所示。

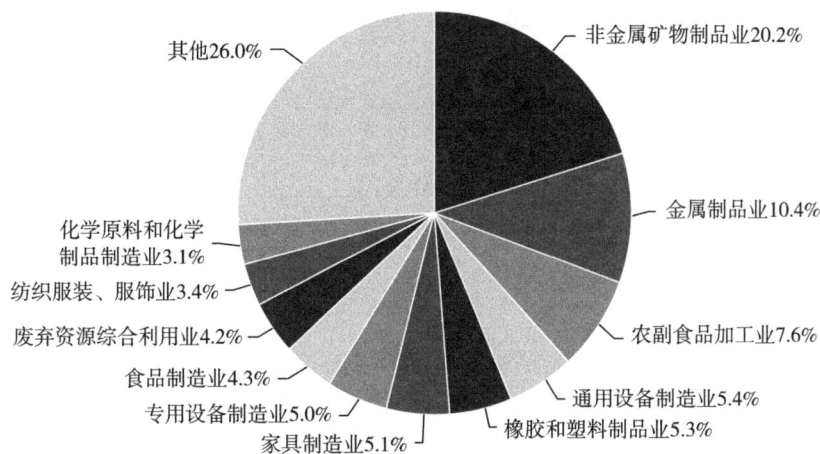

图 3-7 淮河流域主要行业占比情况　　　　扫码见彩图

（三）水污染物排放结构特征

2023 年,淮河流域(河南段)工业源废水排放量占全省工业源废水污染物排放总量的 44.11%;COD 排放量占全省排放总量的 41.82%;氨氮排放量占全省排放总量的 45.99%;总氮排放量占全省排放总量的 44.51%;总磷排放量占全省排放总量的 39.32%。如图 3-8 所示。

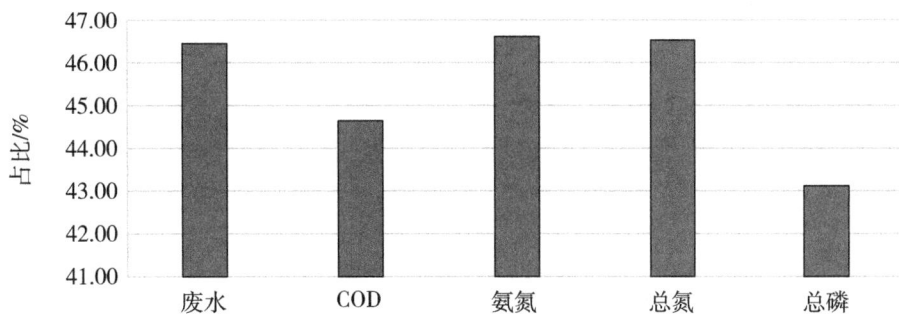

图 3-8 流域工业源水污染物排放占全省比例

（四）直排重点行业企业排放分析

根据 2023 年环统数据,流域 1121 家重点水污染物排放行业中,直排企业约 127 家,占总数的 10%,废水、COD、氨氮、总氮、总磷排放量分别占流域重点水污染物行业排放总量的 24.71%、20.03%、22.14%、17.79%、8.23%,占比不大。废水直排企业水污染物排放量占比情况如图 3-9 所示。

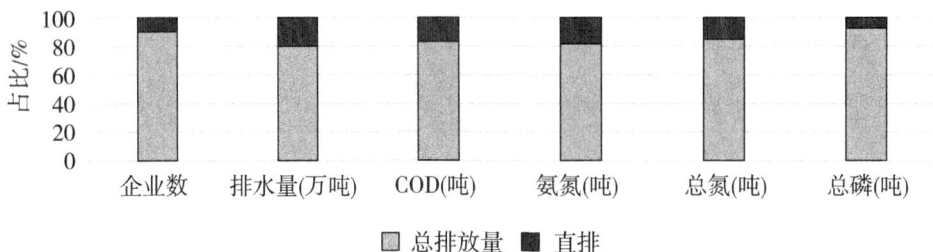

图 3-9　废水直排企业水污染物排放量情况

　　流域废水直排企业水污染物排放主要来自煤炭开采和洗选业、造纸和纸制品业、电力、热力生产和供应业、皮革、毛皮、羽毛及其制品和制鞋业、化学原料和化学制品制造业、农副食品加工业和酒、饮料及精制茶制造业等 7 个行业,这 7 个行业废水直排企业的废水、COD、氨氮、总氮和总磷的排放量分别占所有废水直排企业水污染物排放总量的 96.3%、95.6%、94.7%、94.6% 和 84.4%。其中,煤炭开采和洗选业废水直排企业废水和 COD 排放量分别占所有废水直排企业水污染物排放总量的 59.8% 和 36.7%;造纸和纸制品业废水直排企业废水和 COD 排放量分别占所有废水直排企业水污染物排放总量的 13.8% 和 24.5%;电力、热力生产和供应业废水直排企业废水和 COD 排放量分别占所有废水直排企业水污染物排放总量的 7.1% 和 11.2%;化学原料和化学制品制造业废水直排企业废水和氨氮排放量分别占所有废水直排企业水污染物排放总量的 5.9% 和 15.62%;皮革、毛皮、羽毛及其制品和制鞋业直排企业 COD 和氨氮排放量分别占所有废水直排企业水污染物排放总量的 10.4% 和 12.1%。直排企业水污染物排放情况如图 3-10 所示。

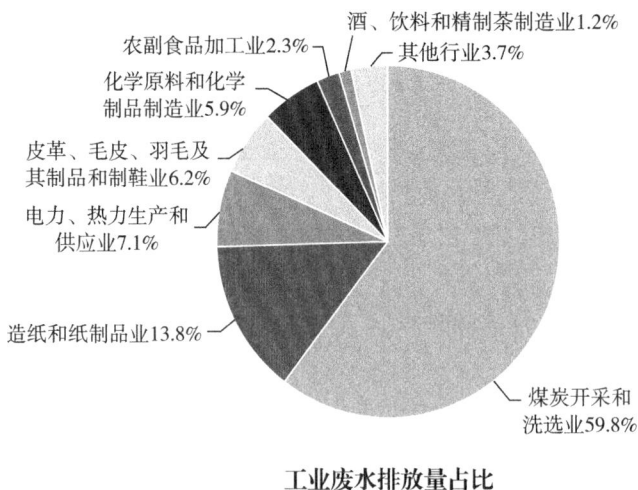

工业废水排放量占比

酒、饮料和精制茶制造业4.4%

其他行业4.4%

农副食品加工业3.8%

化学原料和化学
制品制造业4.6%

皮革、毛皮、羽毛及
其制品和制鞋业10.4%

煤炭开采和洗选业36.7%

电力、热力生产和
供应业11.2%

造纸和纸制品业24.5%

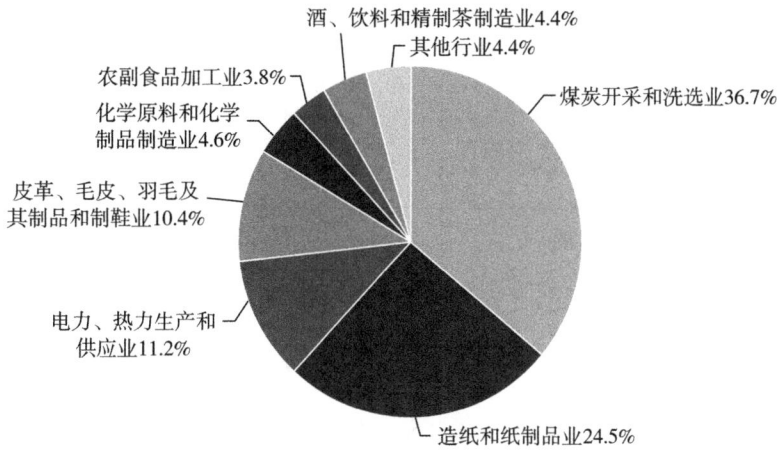

化学需氧量排放量占比

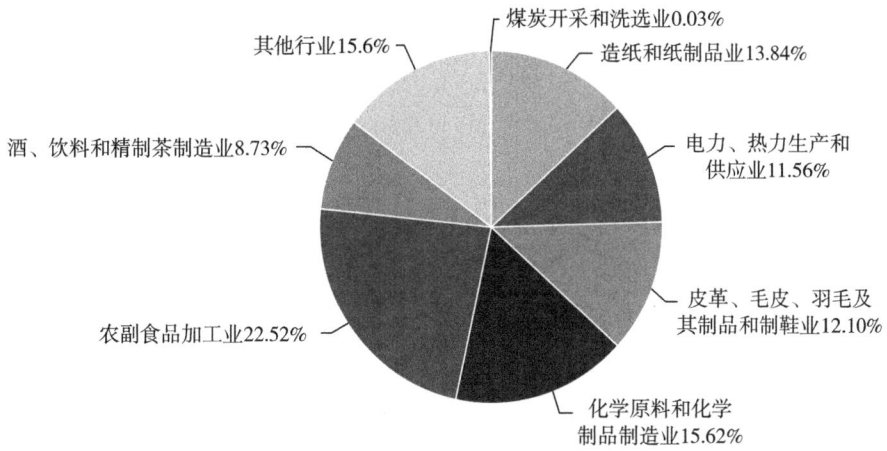

煤炭开采和洗选业0.03%

其他行业15.6%

造纸和纸制品业13.84%

酒、饮料和精制茶制造业8.73%

电力、热力生产和
供应业11.56%

农副食品加工业22.52%

皮革、毛皮、羽毛及
其制品和制鞋业12.10%

化学原料和化学
制品制造业15.62%

氨氮排放量占比

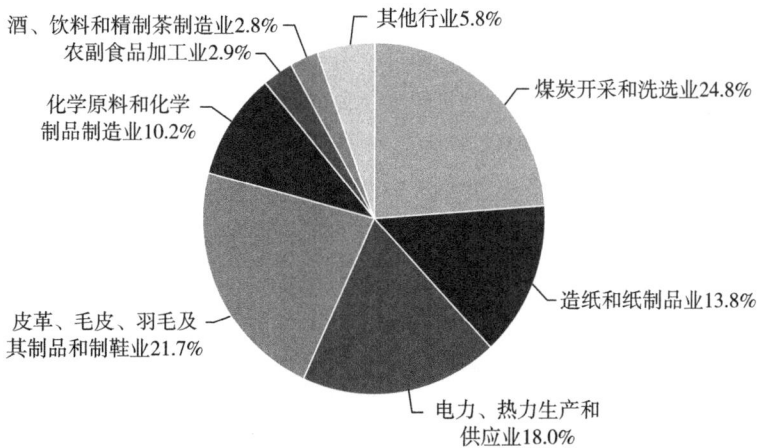

酒、饮料和精制茶制造业2.8%

农副食品加工业2.9%

其他行业5.8%

化学原料和化学
制品制造业10.2%

煤炭开采和洗选业24.8%

皮革、毛皮、羽毛及
其制品和制鞋业21.7%

造纸和纸制品业13.8%

电力、热力生产和
供应业18.0%

总氮排放量占比

总磷排放量占比

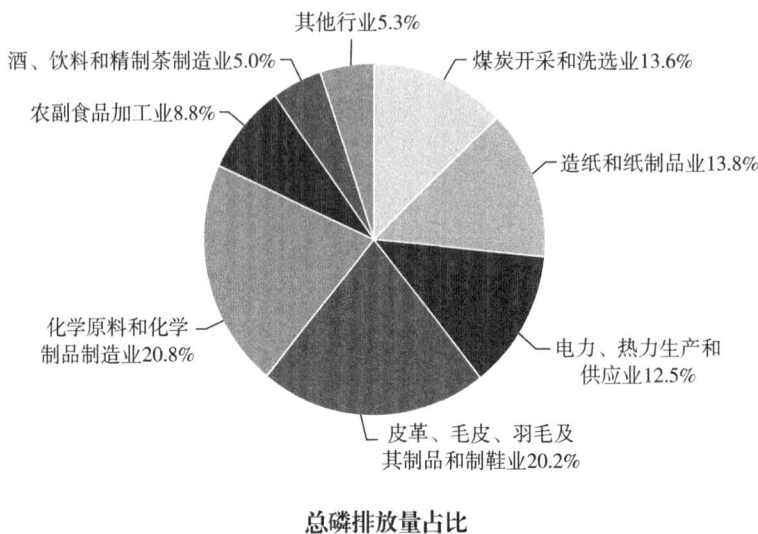

图3-10 直排行业水污染物排放占比情况图

从直排重点行业企业排放浓度情况看,收集流域内60家废水直排企业在线监测数据,60家企业的COD年平均排放浓度均在40 mg/L以下,部分企业日均浓度波动较大,日均值在90 mg/L以上;60家企业中有55家有氨氮在线监测数据,54家企业的氨氮年平均排放浓度均在3 mg/L及以下,11家企业日均浓度波动较大,部分日均值在10 mg/L以上;60家企业中有27家有总氮在线监测数据,其中4家企业总氮年平均浓度在15 mg/L以上,其他均在15 mg/L以下,另有6家企业总氮日均浓度波动较大,部分日均值在25以上;60家企业中有13家有总磷在线监测数据,13家企业年平均浓度均在0.5 mg/L以下,6家企业总磷日均浓度波动较大,部分日均值在0.6 mg/L以上。

三、畜禽养殖污染物特征分析

(一)畜禽养殖分布情况

河南省作为农业大省、畜牧大省,其中淮河流域涉及面积大,流域内畜牧业近年来呈现稳步发展的趋势。2020年淮河流域的畜禽养殖总量为53876万头,占全省畜禽养殖总量的61%,为我省主要养殖分布区。从养殖总量分布情况看(图3-11),养殖总量排名前10的省辖市中,淮河流域畜禽养殖主要集中在商丘市、周口市、信阳市、驻马店市和开封市等5个省辖市,商丘市是我省畜禽养殖大市,畜禽养殖总量占全省的11%,居全省最高;其次是周口市,畜禽养殖总量占全省的10.64%。

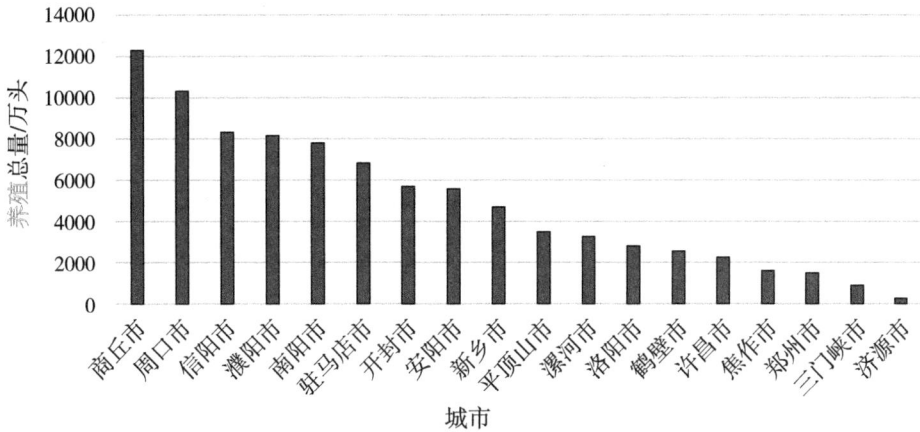

图 3-11　各省辖市养殖总量分布情况

在生猪养殖方面,河南省猪养殖量较大的地区依次为驻马店市、周口市、南阳市、商丘市、开封市和信阳市等,养殖总量为2348.25万头,除南阳市外,其余6个省辖市全境或基本全境均位于淮河流域,驻马店市是我省猪养殖大市,生猪养殖总量占全省的13.95%,居全省最高;其次是周口市,猪养殖总量占全省的11.35%。各省辖市生猪养殖量分布情况见图3-12。

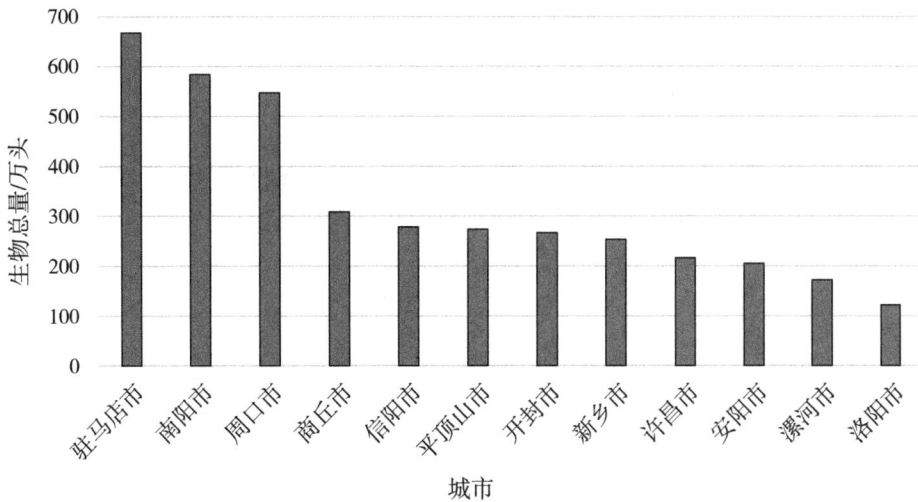

图 3-12　各省辖市生猪养殖量分布情况

(二)畜禽养殖污染治理和排放情况

畜禽养殖主要污染源为畜禽粪尿及其在贮存、运输、处理处置等过程中产生的恶臭气体、渗滤液体、污泥等,按环境要素分为大气污染、水污染和固体废物污染。畜禽粪便经过无害化处理后可以作为有机肥还田,是粪便最好的处置方式。目前淮河流域内畜禽粪便主要进行资源化利用,经处理后还田,还田分为直接还田和处理后还田两种,其中畜禽粪便

经过无害化处理后可以作为有机肥还田,是畜禽粪便实现资源化的最佳处置方式。

流域内规模化畜禽养殖场清粪方式主要为干清粪、水泡粪和水冲粪三种,采用干清粪方式的粪污处理技术主要包括堆肥法+污水处理法和堆肥法+沼气法两种;采用水冲粪和水泡粪清粪方式的养殖场粪污处理技术主要包括混浆厌氧发酵(沼气法)、固液分离+沼气+堆肥、发酵床技术+垫料堆肥+还田等;对于非规模化畜禽养殖场或养殖小区,粪污处理设施较为简单,粪污固液分离后,固粪自然堆肥还田,粪液采用(三级)沉淀的方式,置于储存池暂存,以备作为底肥还田。养殖场资源利用率情况见图3-13。

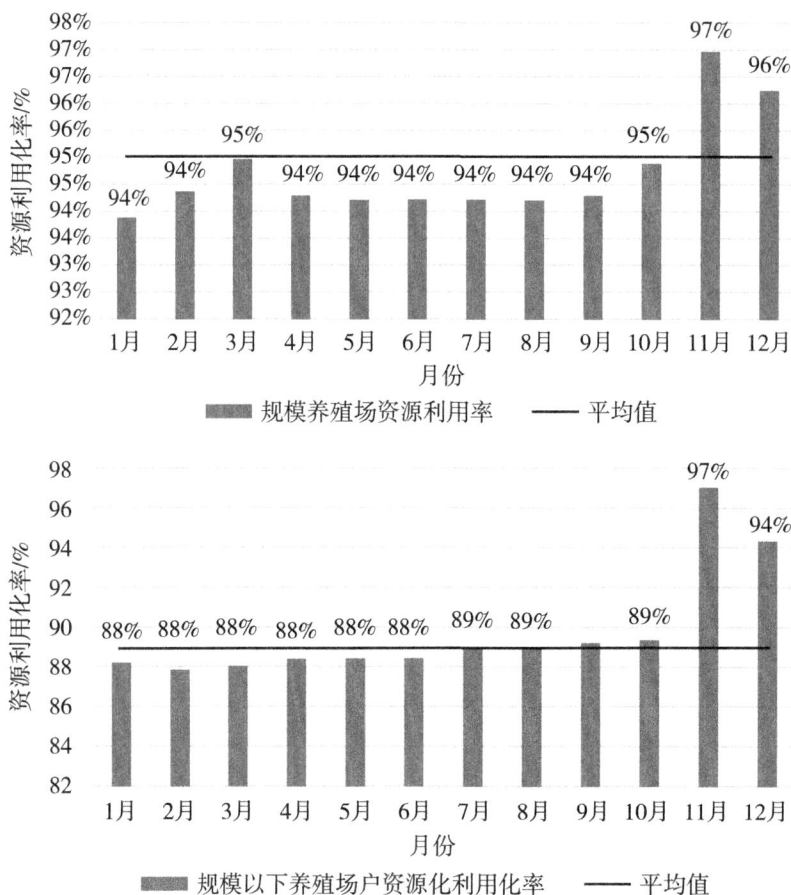

图3-13　养殖场资源利用率统计图

从规模养殖场资源利用率统计分析,规模养殖场资源利用率为93%~97%,资源利用率相对较高;规模以下畜禽养殖场1~10月份资源利用率为88%~97%。

第二节　淮河流域水环境质量状况

一、水环境质量现状

"十四五"期间,河南省淮河流域共设置 78 个国考断面,26 个省考断面。淮河流域 104 个国、省考断面中,"十四五"规划水质目标为Ⅰ-Ⅲ类的断面 65 个,占比 62.5%;Ⅳ类水质断面 37 个,占比 35.6%;Ⅴ类水质断面 2 个,占比 1.9%。

2024 年 1～9 月,河南省淮河流域 104 个国、省考断面中,Ⅰ-Ⅲ类水质断面 69 个,占比 66.3%;Ⅳ类水质断面 33 个,占比 31.7%;Ⅴ类水质断面 1 个,占比 1%;劣Ⅴ类水质断面 1 个,占比 1%。断面超标因子为化学需氧量、总磷、高锰酸盐指数、氟化物、溶解氧、五日生化需氧量、氨氮、石油类,超标次数分别占 30.2%、20.2%、20.2%、10.1%、7.8%、6.2%、4.7%、0.8%。各月均有超标现象,其中 6～8 月超标断面占比 60.4%。详见图 3-14。

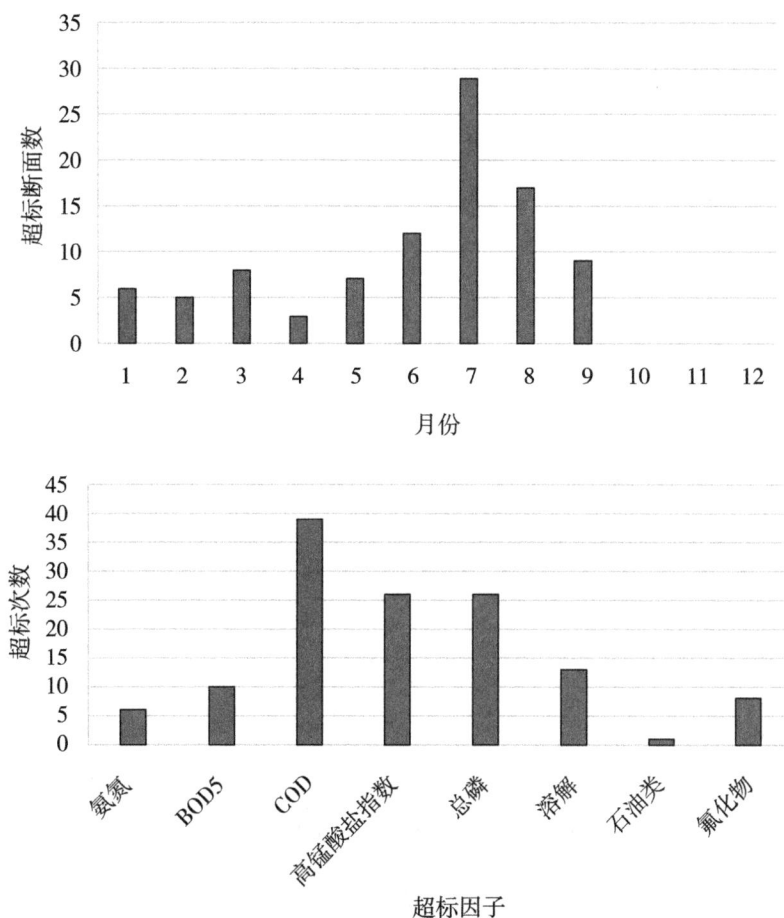

图 3-14　2024 年河南省淮河流域考核断面水质超标情况

二、水环境质量变化趋势

从 2021～2023 年断面水质年均值来看：

2021 年，Ⅰ-Ⅲ类水质断面 70 个，占比 68.6%；Ⅳ类水质断面 30 个，占比 29.4%；Ⅴ类水质断面 2 个，占比 2%；无劣Ⅴ类水质断面。断面超标因子为化学需氧量、总磷、高锰酸盐指数、溶解氧、氟化物、氨氮、五日生化需氧量，超标次数分别占 29.5%、24.5%、11.4%、10.5%、10.1%、7.6%、6.3%。各月均有超标现象，其中 6～8 月超标断面占比 32.2%。详见图 3-15。

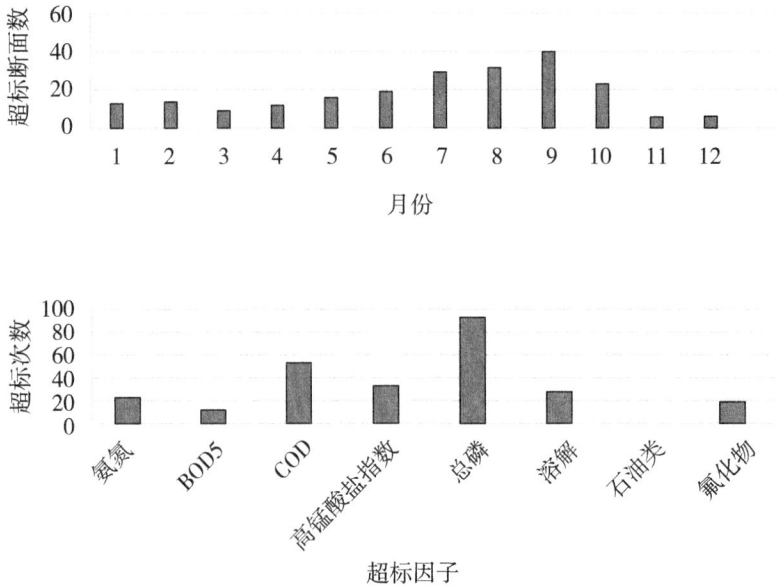

图 3-15　2021 年河南省淮河流域考核断面水质超标情况

2022 年，Ⅰ-Ⅲ类水质断面 71 个，占比 69.6%；Ⅳ类水质断面 29 个，占比 28.4%；Ⅴ类水质断面 2 个，占比 2%；无劣Ⅴ类水质断面。断面超标因子为化学需氧量、总磷、高锰酸盐指数、溶解氧、氟化物、氨氮、五日生化需氧量，超标次数分别占 40.3%、27.1%、19.4%、10.9%、1.6%、12.4%、7.0%。各月均有超标现象，其中 6～8 月超标断面占比 37.9%。详见图 3-16。

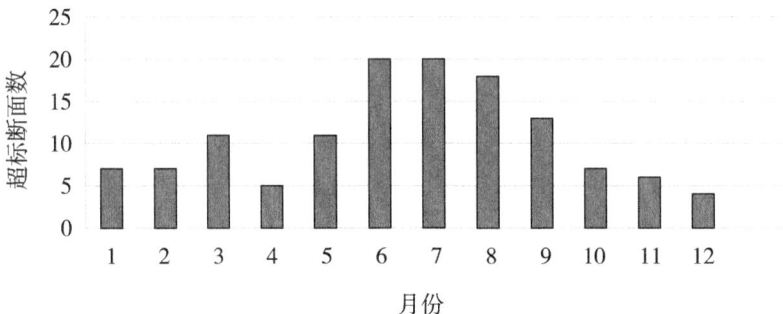

图 3-16　2022 年河南省淮河流域考核断面水质超标情况

2023 年，I-III类水质断面 74 个，占比 71.2%；IV类水质断面 26 个，占比 25%；V类水质断面 3 个，占比 2.9%；劣 V 类水质断面 1 个。断面超标因子为化学需氧量、总磷、高锰酸盐指数、溶解氧、氟化物、氨氮、五日生化需氧量，超标次数分别占 24.2%、42.5%、15.1%、10.9%、12.8%、8.7%、5.5%。各月均有超标现象，其中 6~8 月超标断面占比 38.7%。详见图 3-17。

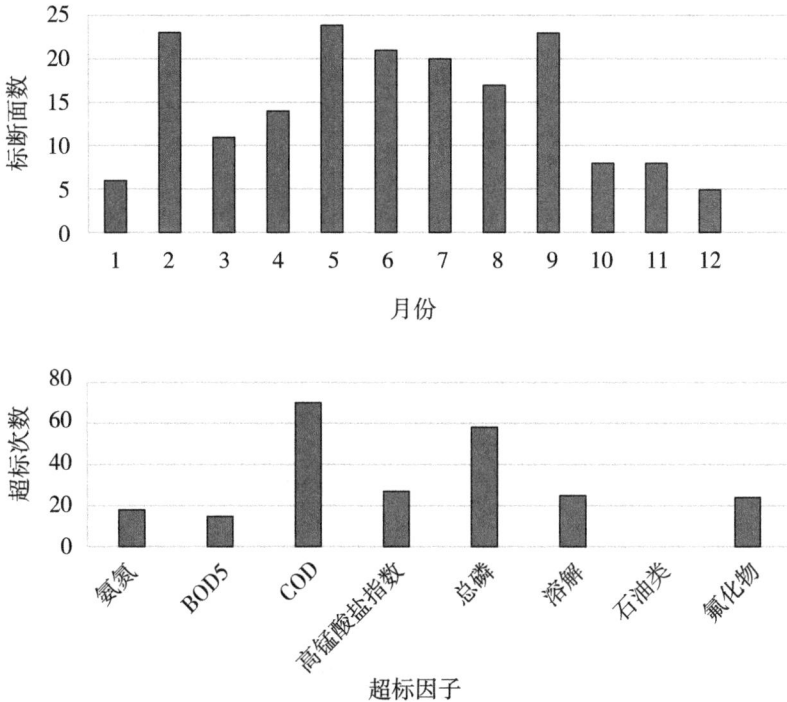

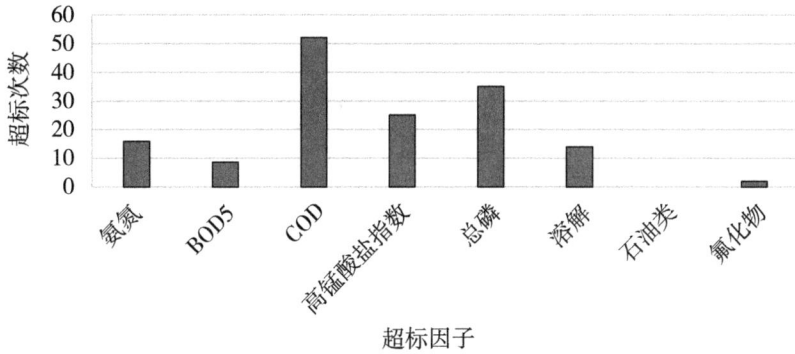

图 3-17　2023 年河南省淮河流域考核断面水质超标情况

"十四五"以来，淮河流域水质稳步提升，I-III类水质断面占比由 2021 年的 68.6% 提升到 2023 年的 71.2%，IV类水质断面占比由 2021 年 29.4% 下降至 2023 年的 25%；

Ⅴ类水质断面占比略有上升,由 2021 年的 2% 上升至 2023 年的 2.9%。详见图 3-18。

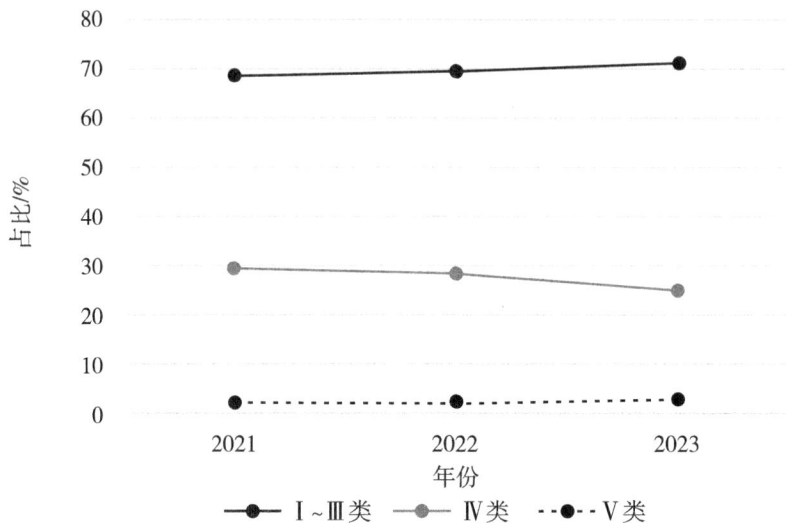

图 3-18 淮河流域 2021—2023 年不同水质类别占比情况

第三节 淮河流域水环境存在问题

一、水污染问题

(一)工业源污染

1. 传统产业污染量大

河南省淮河流域分布着众多传统工业,如印染、化工、造纸等。以印染行业为例,生产过程中会产生大量含染料、助剂的废水,这些废水化学需氧量(COD)、氨氮等污染物浓度高,部分企业由于环保设施老化或运行成本考虑,未对废水进行有效处理就直接排放,严重影响流域水质。据统计,一些小型印染企业废水排放的 COD 浓度可达数千 mg/L,远超国家规定的排放标准。

2. 新兴产业带来新挑战

随着经济发展,流域内新兴产业如电子信息、生物医药等逐渐兴起。这些产业虽不像传统产业那样排放大量常规污染物,但会产生如重金属、持久性有机污染物等新污染物。例如,电子制造企业在生产过程中会排放含铅、汞、镉等重金属的废水,这些重金属难以降解,在水体中不断积累,对水生生物和人体健康造成潜在威胁。

(二)农业面源污染

1. 化肥农药过度使用

流域内农业生产发达,大量使用化肥和农药以提高农作物产量。然而,过量的化肥和农药无法被农作物完全吸收利用,大部分随地表径流进入河流、湖泊等水体。相关研

究表明,每年因农业面源输入淮河流域水体的氮、磷等营养物质占总输入量相当大的比例,是导致水体富营养化的重要因素之一。

2. 畜禽养殖污染

畜禽养殖业在流域内规模较大,产生了大量畜禽粪便和养殖废水,部分养殖场缺乏完善的污水处理设施,畜禽粪便随意堆放,养殖废水未经处理直接排放。这些废弃物含有高浓度的有机物、氮、磷以及病原体,进入水体后不仅消耗水中溶解氧,还可能引发水体污染和疾病传播,对流域水环境造成严重影响。

(三)生活源污染

1. 城市生活污水集中处理压力大

随着城市化进程加快,流域内城市人口不断增加,生活污水产生量大幅上升。部分城市污水处理厂处理能力有限,难以满足日益增长的污水排放需求,溢流现象频繁发生。同时,一些污水处理厂设备老化、工艺落后,对污水中污染物的去除效果不佳,导致部分处理后的污水仍不能稳定达标排放。

2. 农村生活污水无序排放

农村地区基础设施建设相对滞后,大部分农村缺乏完善的污水收集和处理系统。村民生活污水随意排放,通过地表径流汇入周边水体。此外,农村改厕工作虽在推进,但仍有部分地区存在改厕不规范、污水未有效收集处理等问题,进一步加剧了农村生活污水对水环境的污染。

二、水资源短缺与过度开发

1. 水资源过度开发

淮河流域是一个典型的旱涝频繁交替地区,水资源时空分布不均,枯水期水资源量严重不足。随着经济社会的发展和人口的增长,水资源需求不断增加,导致水资源短缺问题日益突出。流域内人口密集,工农业用水需求大,导致水资源过度开发。部分地区长期超采地下水,引发地下水位下降、地面沉降等问题。同时,河流水资源被过度截留用于灌溉、工业生产等,使得河流生态流量难以保障,水体自净能力下降。一些河流在枯水期因水量被过度抽取,河道干涸或水流极小,无法有效稀释和净化污染物。

2. 水资源调配不合理

河南省淮河流域内不同区域水资源分布不均,且水资源调配机制不够完善。部分水资源丰富地区用水浪费现象严重,而缺水地区又得不到足够的水资源供给。此外,跨区域调水工程在运行过程中,由于缺乏科学合理的调度,未能充分发挥改善流域水环境的作用,导致部分地区水环境问题依然突出。

三、水生态系统破坏

1. 河道湖泊生态功能退化

长期的污染排放和不合理的开发利用,使得淮河流域内许多河道湖泊生态功能退化,河流湖泊底泥淤积严重,水生植被遭到破坏,生物多样性减少。

此外,淮河流域大中型水库(闸坝)众多,这些闸坝在防洪、灌溉等方面发挥了巨大作

用,但闸坝的修建也在一定程度上降低了河道流量,削弱了污染物的自净能力。闸坝上游的工业污水、生活污水长期集聚,污染加剧,到了汛期,为了泄洪需要,这些污水可能因得不到及时处理而下泄至下游,给下游水体造成一定影响。

2.湿地生态系统受损

流域内湿地面积因围垦、开发等原因不断减少,湿地生态系统的调蓄洪水、净化水质、维持生物多样性等功能受到削弱。湿地生态系统的受损进一步降低了流域对污染物的自然净化能力,加剧了水环境污染问题。

第四章

河南省淮河流域生态环境分区管控现状

第一节　淮河流域管控单元划分情况

河南省淮河流域生态环境分区管控单元共585个,面积86970.78 km²,其中优先保护管控单元175个,重点管控单元345个,一般管控单元65个。淮河流域管控单元详见表4-1。

表4-1　河南省淮河流域管控单元一览表

序号	管控单元编码	管控单元名称	市	县	管控单元分类
1	ZH41010210001	中原区生态保护红线	郑州市	中原区	优先保护单元
2	ZH41010210002	中原区水环境优先保护单元	郑州市	中原区	优先保护单元
3	ZH41010220002	郑州高新技术产业开发区	郑州市	中原区	重点管控单元
4	ZH41010220003	中原区城镇重点单元	郑州市	中原区	重点管控单元
5	ZH41010220004	中原区大气高排放区	郑州市	中原区	重点管控单元
6	ZH41010220005	中原区大气高排放、深层承压水严重超采区	郑州市	中原区	重点管控单元
7	ZH41010220006	中原区大气布局敏感区、深层承压水严重超采区	郑州市	中原区	重点管控单元
8	ZH41010220007	郑州中原区现代服务业开发区	郑州市	中原区	重点管控单元
9	ZH41010310001	二七区生态保护红线	郑州市	二七区	优先保护单元
10	ZH41010310002	二七区水环境优先保护单元	郑州市	二七区	优先保护单元
11	ZH41010310003	二七区一般生态空间	郑州市	二七区	优先保护单元
12	ZH41010320001	二七经济技术开发区	郑州市	二七区	重点管控单元
13	ZH41010320002	二七区城镇重点单元	郑州市	二七区	重点管控单元
14	ZH41010320003	二七区大气高排放区	郑州市	二七区	重点管控单元

续表4-1

序号	管控单元编码	管控单元名称	市	县	管控单元分类
15	ZH41010320004	二七区大气高排放、深层承压水严重超采区	郑州市	二七区	重点管控单元
16	ZH41010410002	管城回族区水环境优先保护单元	郑州市	管城回族区	优先保护单元
17	ZH41010420002	郑州经济技术开发区	郑州市	管城回族区	重点管控单元
18	ZH41010420003	管城回族区城镇重点单元	郑州市	管城回族区	重点管控单元
19	ZH41010420004	管城回族区大气高排放、深层承压水严重超采区	郑州市	管城回族区	重点管控单元
20	ZH41010420005	管城经济技术开发区	郑州市	管城回族区	重点管控单元
21	ZH41010420006	郑州郑东新区先进制造业开发区	郑州市	管城回族区	重点管控单元
22	ZH41010430001	管城回族区一般管控单元	郑州市	管城回族区	一般管控单元
23	ZH41010510001	金水区生态保护红线	郑州市	金水区	优先保护单元
24	ZH41010510002	金水区水环境优先保护单元	郑州市	金水区	优先保护单元
25	ZH41010510003	金水区一般生态空间	郑州市	金水区	优先保护单元
26	ZH41010520001	郑州郑东新区先进制造业开发区	郑州市	金水区	重点管控单元
27	ZH41010520002	金水区城镇重点单元	郑州市	金水区	重点管控单元
28	ZH41010520003	金水区大气布局敏感区	郑州市	金水区	重点管控单元
29	ZH41010520004	郑州金水高新技术产业开发区	郑州市	金水区	重点管控单元
30	ZH41010810001	惠济区生态保护红线	郑州市	惠济区	优先保护单元
31	ZH41010810002	惠济区水环境优先保护单元	郑州市	惠济区	优先保护单元
32	ZH41010810003	惠济区一般生态空间	郑州市	惠济区	优先保护单元
33	ZH41010820001	惠济区城镇重点单元	郑州市	惠济区	重点管控单元
34	ZH41010820002	惠济区大气布局敏感区	郑州市	惠济区	重点管控单元
35	ZH41010820003	惠济区大气布局敏感区、深层承压水严重超采区	郑州市	惠济区	重点管控单元
36	ZH41010820004	惠济经济开发区	郑州市	惠济区	重点管控单元
37	ZH41012210001	中牟县生态保护红线	郑州市	中牟县	优先保护单元
38	ZH41012210002	中牟县水环境优先保护单元	郑州市	中牟县	优先保护单元
39	ZH41012210003	中牟县一般生态空间	郑州市	中牟县	优先保护单元
40	ZH41012220001	中牟高新技术产业开发区	郑州市	中牟县	重点管控单元
41	ZH41012220002	郑州郑东新区先进制造业开发区	郑州市	中牟县	重点管控单元
42	ZH41012220003	郑州经济技术开发区	郑州市	中牟县	重点管控单元
43	ZH41012220004	郑州航空港先进制造业开发区	郑州市	中牟县	重点管控单元

续表 4-1

序号	管控单元编码	管控单元名称	市	县	管控单元分类
44	ZH41012220005	中牟县城镇重点单元	郑州市	中牟县	重点管控单元
45	ZH41012220006	中牟县大气高排放区	郑州市	中牟县	重点管控单元
46	ZH41012220007	中牟县大气布局敏感区	郑州市	中牟县	重点管控单元
47	ZH41012220008	中牟县深层承压水严重超采区	郑州市	中牟县	重点管控单元
48	ZH41012220009	中牟县水重点、大气高排放区	郑州市	中牟县	重点管控单元
49	ZH41012220010	中牟县现代服务业开发区	郑州市	中牟县	重点管控单元
50	ZH41012230001	中牟县一般管控单元	郑州市	中牟县	一般管控单元
51	ZH41018210001	荥阳市生态保护红线	郑州市	荥阳市	优先保护单元
52	ZH41018210002	荥阳市水环境优先保护单元	郑州市	荥阳市	优先保护单元
53	ZH41018210003	荥阳市一般生态空间	郑州市	荥阳市	优先保护单元
54	ZH41018220002	荥阳市先进制造业开发区	郑州市	荥阳市	重点管控单元
55	ZH41018220003	荥阳市城镇重点单元	郑州市	荥阳市	重点管控单元
56	ZH41018220004	荥阳市大气布局敏感区	郑州市	荥阳市	重点管控单元
57	ZH41018220005	荥阳市水重点、大气高排放区	郑州市	荥阳市	重点管控单元
58	ZH41018220006	荥阳市水重点、布局敏感区	郑州市	荥阳市	重点管控单元
59	ZH41018220007	荥阳市岩溶水严重超采区	郑州市	荥阳市	重点管控单元
60	ZH41018220008	荥阳市水重点、大气高排放区、岩溶水严重超采区	郑州市	荥阳市	重点管控单元
61	ZH41018220009	荥阳市水重点、布局敏感、岩溶水严重超采区	郑州市	荥阳市	重点管控单元
62	ZH41018220010	荥阳市大气布局敏感区、岩溶水严重超采区	郑州市	荥阳市	重点管控单元
63	ZH41018220011	郑州高新技术产业开发区	郑州市	荥阳市	重点管控单元
64	ZH41018230001	荥阳市一般管控单元	郑州市	荥阳市	一般管控单元
65	ZH41018310001	新密市生态保护红线	郑州市	新密市	优先保护单元
66	ZH41018310002	新密市水环境优先保护单元	郑州市	新密市	优先保护单元
67	ZH41018310003	新密市一般生态空间	郑州市	新密市	优先保护单元
68	ZH41018320001	新密市先进制造业开发区	郑州市	新密市	重点管控单元
69	ZH41018320002	新密市城镇重点单元	郑州市	新密市	重点管控单元
70	ZH41018320003	新密市水重点管控单元	郑州市	新密市	重点管控单元
71	ZH41018320004	新密市水重点、岩溶水严重超采区	郑州市	新密市	重点管控单元
72	ZH41018320005	新密市水重点、布局敏感区	郑州市	新密市	重点管控单元

续表 4-1

序号	管控单元编码	管控单元名称	市	县	管控单元分类
73	ZH41018320006	新密市大气布局敏感区	郑州市	新密市	重点管控单元
74	ZH41018320007	新密市大气布局敏感区、岩溶水严重超采区	郑州市	新密市	重点管控单元
75	ZH41018320008	新密市水重点、布局敏感、岩溶水严重超采区	郑州市	新密市	重点管控单元
76	ZH41018410001	新郑市生态保护红线	郑州市	新郑市	优先保护单元
77	ZH41018410002	新郑市水环境优先保护单元	郑州市	新郑市	优先保护单元
78	ZH41018410003	新郑市一般生态空间	郑州市	新郑市	优先保护单元
79	ZH41018420001	郑州航空港先进制造业开发区	郑州市	新郑市	重点管控单元
80	ZH41018420002	新郑经济技术开发区	郑州市	新郑市	重点管控单元
81	ZH41018420003	新郑市城镇重点单元	郑州市	新郑市	重点管控单元
82	ZH41018420004	新郑市水重点管控单元	郑州市	新郑市	重点管控单元
83	ZH41018420005	新郑市大气高排放区	郑州市	新郑市	重点管控单元
84	ZH41018420006	新郑市大气布局敏感区	郑州市	新郑市	重点管控单元
85	ZH41018420007	新郑市水重点、布局敏感区	郑州市	新郑市	重点管控单元
86	ZH41018420008	新郑市水重点、深层承压水严重超采区	郑州市	新郑市	重点管控单元
87	ZH41018420009	新郑市水重点、岩溶水严重超采区	郑州市	新郑市	重点管控单元
88	ZH41018420010	新郑市大气布局敏感区、岩溶水严重超采区	郑州市	新郑市	重点管控单元
89	ZH41018420011	新郑市大气布局敏感区、深层承压水严重超采区	郑州市	新郑市	重点管控单元
90	ZH41018420012	新郑市岩溶水严重超采区	郑州市	新郑市	重点管控单元
91	ZH41018420013	新郑市大气高排放、深层承压水严重超采区	郑州市	新郑市	重点管控单元
92	ZH41018420014	新郑市水重点、布局敏感、岩溶水严重超采区	郑州市	新郑市	重点管控单元
93	ZH41018420015	新郑市水重点、布局敏感、深层承压水严重超采区	郑州市	新郑市	重点管控单元
94	ZH41018430001	新郑市一般管控单元	郑州市	新郑市	一般管控单元
95	ZH41018510001	登封市生态保护红线	郑州市	登封市	优先保护单元
96	ZH41018510002	登封市水环境优先保护单元	郑州市	登封市	优先保护单元
97	ZH41018510003	登封市一般生态空间	郑州市	登封市	优先保护单元

续表 4-1

序号	管控单元编码	管控单元名称	市	县	管控单元分类
98	ZH41018520001	登封市先进制造业开发区	郑州市	登封市	重点管控单元
99	ZH41018520002	登封市城镇重点单元	郑州市	登封市	重点管控单元
100	ZH41018520003	登封市水重点管控单元	郑州市	登封市	重点管控单元
101	ZH41018520004	登封市水重点、岩溶水严重超采区	郑州市	登封市	重点管控单元
102	ZH41018520005	登封市水重点、大气高排放区、岩溶水严重超采区	郑州市	登封市	重点管控单元
103	ZH41018520006	登封市水重点、禁燃区、岩溶水严重超采区	郑州市	登封市	重点管控单元
104	ZH41018520007	登封市岩溶水严重超采区	郑州市	登封市	重点管控单元
105	ZH41018530001	登封市一般管控单元	郑州市	登封市	一般管控单元
106	ZH41020210001	龙亭区生态保护红线	开封市	龙亭区	优先保护单元
107	ZH41020210002	龙亭区水环境优先保护单元	开封市	龙亭区	优先保护单元
108	ZH41020210003	龙亭区一般生态空间	开封市	龙亭区	优先保护单元
109	ZH41020220001	开封经济技术开发区	开封市	龙亭区	重点管控单元
110	ZH41020220002	龙亭区城镇重点单元	开封市	龙亭区	重点管控单元
111	ZH41020220003	龙亭区大气高排放区	开封市	龙亭区	重点管控单元
112	ZH41020220004	龙亭区水重点、大气高排放区	开封市	龙亭区	重点管控单元
113	ZH41020220005	龙亭区水重点、布局敏感区	开封市	龙亭区	重点管控单元
114	ZH41020310001	顺河回族区生态保护红线	开封市	顺河回族区	优先保护单元
115	ZH41020320001	开封汴东先进制造业开发区	开封市	顺河回族区	重点管控单元
116	ZH41020320002	顺河回族区城镇重点单元	开封市	顺河回族区	重点管控单元
117	ZH41020320003	顺河回族区水重点管控单元	开封市	顺河回族区	重点管控单元
118	ZH41020320004	顺河回族区水重点、大气高排放区	开封市	顺河回族区	重点管控单元
119	ZH41020410001	鼓楼区生态保护红线	开封市	鼓楼区	优先保护单元
120	ZH41020410002	鼓楼区水环境优先保护单元	开封市	鼓楼区	优先保护单元
121	ZH41020420001	开封经济技术开发区	开封市	鼓楼区	重点管控单元
122	ZH41020420002	鼓楼区城镇重点单元	开封市	鼓楼区	重点管控单元
123	ZH41020420003	鼓楼区水重点、大气高排放区	开封市	鼓楼区	重点管控单元
124	ZH41020420004	鼓楼区水重点、布局敏感区	开封市	鼓楼区	重点管控单元
125	ZH41020510001	禹王台区生态保护红线	开封市	禹王台区	优先保护单元
126	ZH41020520001	开封精细化工开发区	开封市	禹王台区	重点管控单元

续表 4-1

序号	管控单元编码	管控单元名称	市	县	管控单元分类
127	ZH41020520002	禹王台区城镇重点单元	开封市	禹王台区	重点管控单元
128	ZH41020520003	禹王台区水重点管控单元	开封市	禹王台区	重点管控单元
129	ZH41021210001	祥符区生态保护红线	开封市	祥符区	优先保护单元
130	ZH41021210002	祥符区水环境优先保护单元	开封市	祥符区	优先保护单元
131	ZH41021210003	祥符区一般生态空间	开封市	祥符区	优先保护单元
132	ZH41021220001	开封祥符区先进制造业开发区	开封市	祥符区	重点管控单元
133	ZH41021220002	祥符区城镇重点单元	开封市	祥符区	重点管控单元
134	ZH41021220003	祥符区水重点管控单元	开封市	祥符区	重点管控单元
135	ZH41021220004	祥符区大气布局敏感区	开封市	祥符区	重点管控单元
136	ZH41021220005	开封汴东先进制造业开发区	开封市	祥符区	重点管控单元
137	ZH41021230001	祥符区一般管控单元	开封市	祥符区	一般管控单元
138	ZH41022120001	杞县先进制造业开发区	开封市	杞县	重点管控单元
139	ZH41022120002	杞县城镇重点单元	开封市	杞县	重点管控单元
140	ZH41022120003	杞县水重点管控单元	开封市	杞县	重点管控单元
141	ZH41022120004	杞县大气高排放区	开封市	杞县	重点管控单元
142	ZH41022130001	杞县一般管控单元	开封市	杞县	一般管控单元
143	ZH41022220001	通许高新技术产业开发区	开封市	通许县	重点管控单元
144	ZH41022220002	通许县城镇重点单元	开封市	通许县	重点管控单元
145	ZH41022220003	通许县水重点管控单元	开封市	通许县	重点管控单元
146	ZH41022220004	通许县大气高排放区	开封市	通许县	重点管控单元
147	ZH41022230001	通许县一般管控单元	开封市	通许县	一般管控单元
148	ZH41022310001	尉氏县生态保护红线	开封市	尉氏县	优先保护单元
149	ZH41022320001	郑州航空港先进制造业开发区（尉氏片区）	开封市	尉氏县	重点管控单元
150	ZH41022320002	尉氏县先进制造业开发区	开封市	尉氏县	重点管控单元
151	ZH41022320003	尉氏县城镇重点单元	开封市	尉氏县	重点管控单元
152	ZH41022320004	尉氏县水重点管控单元	开封市	尉氏县	重点管控单元
153	ZH41022320005	尉氏县大气高排放区	开封市	尉氏县	重点管控单元
154	ZH41022330001	尉氏县一般管控单元	开封市	尉氏县	一般管控单元
155	ZH41022510001	兰考县生态保护红线	开封市	兰考县	优先保护单元
156	ZH41022510002	兰考县水环境优先保护单元	开封市	兰考县	优先保护单元

续表4-1

序号	管控单元编码	管控单元名称	市	县	管控单元分类
157	ZH41022510003	兰考县一般生态空间	开封市	兰考县	优先保护单元
158	ZH41022520001	兰考经济技术开发区	开封市	兰考县	重点管控单元
159	ZH41022520002	兰考县城镇重点单元	开封市	兰考县	重点管控单元
160	ZH41022520003	兰考县大气高排放区	开封市	兰考县	重点管控单元
161	ZH41022530001	兰考县一般管控单元	开封市	兰考县	一般管控单元
162	ZH41032510001	嵩县生态保护红线	洛阳市	嵩县	优先保护单元
163	ZH41032510002	嵩县水环境优先保护单元	洛阳市	嵩县	优先保护单元
164	ZH41032510003	嵩县一般生态空间	洛阳市	嵩县	优先保护单元
165	ZH41032530001	嵩县一般管控单元	洛阳市	嵩县	一般管控单元
166	ZH41032610001	汝阳县生态保护红线	洛阳市	汝阳县	优先保护单元
167	ZH41032610002	汝阳县水环境优先保护单元	洛阳市	汝阳县	优先保护单元
168	ZH41032610003	汝阳县一般生态空间	洛阳市	汝阳县	优先保护单元
169	ZH41032620001	汝阳县先进制造业开发区	洛阳市	汝阳县	重点管控单元
170	ZH41032620002	汝阳县城镇重点单元	洛阳市	汝阳县	重点管控单元
171	ZH41032620003	汝阳县大气高排放区	洛阳市	汝阳县	重点管控单元
172	ZH41032630001	汝阳县一般管控单元	洛阳市	汝阳县	一般管控单元
173	ZH41032910003	伊川县一般生态空间	洛阳市	伊川县	优先保护单元
174	ZH41032930001	伊川县一般管控单元	洛阳市	伊川县	一般管控单元
175	ZH41040210001	新华区水环境优先保护单元	平顶山市	新华区	优先保护单元
176	ZH41040210002	新华区一般生态空间	平顶山市	新华区	优先保护单元
177	ZH41040210003	新华区生态保护红线	平顶山市	新华区	优先保护单元
178	ZH41040220001	平顶山平新先进制造业开发区	平顶山市	新华区	重点管控单元
179	ZH41040220002	新华区城镇重点单元	平顶山市	新华区	重点管控单元
180	ZH41040220003	新华区大气重点单元	平顶山市	新华区	重点管控单元
181	ZH41040310001	卫东区一般生态空间	平顶山市	卫东区	优先保护单元
182	ZH41040320001	平顶山高新技术产业开发区	平顶山市	卫东区	重点管控单元
183	ZH41040320002	卫东区城镇重点单元	平顶山市	卫东区	重点管控单元
184	ZH41040320003	卫东区大气重点单元	平顶山市	卫东区	重点管控单元
185	ZH41040410001	石龙区一般生态空间	平顶山市	石龙区	优先保护单元
186	ZH41040420001	平顶山石龙区先进制造业开发区	平顶山市	石龙区	重点管控单元
187	ZH41040420002	石龙区城镇重点单元	平顶山市	石龙区	重点管控单元

续表 4-1

序号	管控单元编码	管控单元名称	市	县	管控单元分类
188	ZH41040430001	石龙区一般管控单元	平顶山市	石龙区	一般管控单元
189	ZH41041110001	湛河区生态保护红线	平顶山市	湛河区	优先保护单元
190	ZH41041110002	湛河区水环境优先保护单元	平顶山市	湛河区	优先保护单元
191	ZH41041110003	湛河区一般生态空间	平顶山市	湛河区	优先保护单元
192	ZH41041120001	平顶山高新技术产业开发区	平顶山市	湛河区	重点管控单元
193	ZH41041120002	湛河区城镇重点单元	平顶山市	湛河区	重点管控单元
194	ZH41041120003	湛河区大气重点单元	平顶山市	湛河区	重点管控单元
195	ZH41042110001	宝丰县水环境优先保护单元	平顶山市	宝丰县	优先保护单元
196	ZH41042110002	宝丰县一般生态空间	平顶山市	宝丰县	优先保护单元
197	ZH41042110003	宝丰县生态保护红线	平顶山市	宝丰县	优先保护单元
198	ZH41042120001	宝丰高新技术产业开发区	平顶山市	宝丰县	重点管控单元
199	ZH41042120002	宝丰县城镇重点单元	平顶山市	宝丰县	重点管控单元
200	ZH41042120003	宝丰县大气重点单元	平顶山市	宝丰县	重点管控单元
201	ZH41042120004	宝丰县重点矿区	平顶山市	宝丰县	重点管控单元
202	ZH41042130001	宝丰县一般管控单元	平顶山市	宝丰县	一般管控单元
203	ZH41042210001	叶县生态保护红线	平顶山市	叶县	优先保护单元
204	ZH41042210002	叶县水环境优先保护单元	平顶山市	叶县	优先保护单元
205	ZH41042210003	叶县一般生态空间	平顶山市	叶县	优先保护单元
206	ZH41042220001	叶县先进制造业开发区	平顶山市	叶县	重点管控单元
207	ZH41042220002	平顶山尼龙新材料开发区	平顶山市	叶县	重点管控单元
208	ZH41042220003	平顶山高新技术产业开发区	平顶山市	叶县	重点管控单元
209	ZH41042220004	叶县城镇重点单元	平顶山市	叶县	重点管控单元
210	ZH41042220005	叶县大气重点单元	平顶山市	叶县	重点管控单元
211	ZH41042230001	叶县一般管控单元	平顶山市	叶县	一般管控单元
212	ZH41042310001	鲁山县生态保护红线	平顶山市	鲁山县	优先保护单元
213	ZH41042310002	鲁山县水环境优先保护单元	平顶山市	鲁山县	优先保护单元
214	ZH41042310003	鲁山县一般生态空间	平顶山市	鲁山县	优先保护单元
215	ZH41042320001	鲁山县先进制造业开发区	平顶山市	鲁山县	重点管控单元
216	ZH41042320002	鲁山县城镇重点单元	平顶山市	鲁山县	重点管控单元
217	ZH41042320003	鲁山县大气重点单元	平顶山市	鲁山县	重点管控单元
218	ZH41042320004	鲁山县重点矿区	平顶山市	鲁山县	重点管控单元

续表 4-1

序号	管控单元编码	管控单元名称	市	县	管控单元分类
219	ZH41042330001	鲁山县一般管控单元	平顶山市	鲁山县	一般管控单元
220	ZH41042510001	郏县水环境优先保护单元	平顶山市	郏县	优先保护单元
221	ZH41042510002	郏县一般生态空间	平顶山市	郏县	优先保护单元
222	ZH41042510003	郏县生态保护红线	平顶山市	郏县	优先保护单元
223	ZH41042520001	郏县经济技术开发区	平顶山市	郏县	重点管控单元
224	ZH41042520002	郏县城镇重点单元	平顶山市	郏县	重点管控单元
225	ZH41042520003	郏县大气重点单元	平顶山市	郏县	重点管控单元
226	ZH41042520004	郏县岩溶水严重超采区	平顶山市	郏县	重点管控单元
227	ZH41042520005	郏县大气重点、岩溶水严重超采区	平顶山市	郏县	重点管控单元
228	ZH41042530001	郏县一般管控单元	平顶山市	郏县	一般管控单元
229	ZH41048110001	舞钢市生态保护红线	平顶山市	舞钢市	优先保护单元
230	ZH41048110002	舞钢市水环境优先保护单元	平顶山市	舞钢市	优先保护单元
231	ZH41048110003	舞钢市一般生态空间	平顶山市	舞钢市	优先保护单元
232	ZH41048120001	舞钢经济技术开发区	平顶山市	舞钢市	重点管控单元
233	ZH41048120002	舞钢市城镇重点单元	平顶山市	舞钢市	重点管控单元
234	ZH41048130001	舞钢市一般管控单元	平顶山市	舞钢市	一般管控单元
235	ZH41048210001	汝州市生态保护红线	平顶山市	汝州市	优先保护单元
236	ZH41048210002	汝州市水环境优先保护区	平顶山市	汝州市	优先保护单元
237	ZH41048210003	汝州市一般生态空间	平顶山市	汝州市	优先保护单元
238	ZH41048220001	汝州经济技术开发区	平顶山市	汝州市	重点管控单元
239	ZH41048220002	汝州市城镇重点单元	平顶山市	汝州市	重点管控单元
240	ZH41048220003	汝州市大气重点单元	平顶山市	汝州市	重点管控单元
241	ZH41048220004	汝州市重点矿区	平顶山市	汝州市	重点管控单元
242	ZH41048230001	汝州市一般管控单元	平顶山市	汝州市	一般管控单元
243	ZH41100220001	许昌魏都区先进制造业开发区	许昌市	魏都区	重点管控单元
244	ZH41100220002	许昌经济技术开发区	许昌市	魏都区	重点管控单元
245	ZH41100220003	魏都区城镇重点单元	许昌市	魏都区	重点管控单元
246	ZH41100220004	魏都区大气高排放区	许昌市	魏都区	重点管控单元
247	ZH41100220005	魏都区水重点、大气高排放区	许昌市	魏都区	重点管控单元
248	ZH41100220006	许昌高新技术产业开发区	许昌市	魏都区	重点管控单元
249	ZH41100310002	建安区水环境优先保护单元	许昌市	建安区	优先保护单元

续表 4-1

序号	管控单元编码	管控单元名称	市	县	管控单元分类
250	ZH41100320001	许昌高新技术产业开发区	许昌市	建安区	重点管控单元
251	ZH41100320002	许昌魏都区先进制造业开发区	许昌市	建安区	重点管控单元
252	ZH41100320003	许昌建安先进制造业开发区	许昌市	建安区	重点管控单元
253	ZH41100320004	许昌经济技术开发区	许昌市	建安区	重点管控单元
254	ZH41100320005	建安区城镇重点单元	许昌市	建安区	重点管控单元
255	ZH41100320006	建安区大气高排放区	许昌市	建安区	重点管控单元
256	ZH41100320007	建安区大气布局敏感区	许昌市	建安区	重点管控单元
257	ZH41100320008	建安区大气弱扩散区	许昌市	建安区	重点管控单元
258	ZH41100330001	建安区一般管控单元	许昌市	建安区	一般管控单元
259	ZH41102410001	鄢陵县生态保护红线	许昌市	鄢陵县	优先保护单元
260	ZH41102410002	鄢陵县水环境优先保护单元	许昌市	鄢陵县	优先保护单元
261	ZH41102420001	鄢陵县先进制造业开发区	许昌市	鄢陵县	重点管控单元
262	ZH41102420002	鄢陵县城镇重点单元	许昌市	鄢陵县	重点管控单元
263	ZH41102420003	鄢陵县水重点单元	许昌市	鄢陵县	重点管控单元
264	ZH41102430001	鄢陵县一般管控单元	许昌市	鄢陵县	一般管控单元
265	ZH41102510001	襄城县生态保护红线	许昌市	襄城县	优先保护单元
266	ZH41102510002	襄城县水环境优先保护单元	许昌市	襄城县	优先保护单元
267	ZH41102510003	襄城县一般生态空间	许昌市	襄城县	优先保护单元
268	ZH41102520001	襄城县先进制造业开发区	许昌市	襄城县	重点管控单元
269	ZH41102520003	襄城县城镇重点单元	许昌市	襄城县	重点管控单元
270	ZH41102520004	襄城县大气重点单元	许昌市	襄城县	重点管控单元
271	ZH41102530001	襄城县一般管控单元	许昌市	襄城县	一般管控单元
272	ZH41108110001	禹州市生态保护红线	许昌市	禹州市	优先保护单元
273	ZH41108110002	禹州市水环境优先保护单元	许昌市	禹州市	优先保护单元
274	ZH41108110003	禹州市一般生态空间	许昌市	禹州市	优先保护单元
275	ZH41108120001	禹州市高新技术产业开发区	许昌市	禹州市	重点管控单元
276	ZH41108120002	禹州市城镇重点单元	许昌市	禹州市	重点管控单元
277	ZH41108120003	禹州市大气重点单元	许昌市	禹州市	重点管控单元
278	ZH41108120004	禹州市岩溶水严重超采区	许昌市	禹州市	重点管控单元
279	ZH41108120005	禹州市大气重点、岩溶水严重超采区	许昌市	禹州市	重点管控单元

续表4-1

序号	管控单元编码	管控单元名称	市	县	管控单元分类
280	ZH41108130001	禹州市一般管控单元	许昌市	禹州市	一般管控单元
281	ZH41108210001	长葛市生态保护红线	许昌市	长葛市	优先保护单元
282	ZH41108210002	长葛市水环境优先保护单元	许昌市	长葛市	优先保护单元
283	ZH41108220002	长葛经济技术开发区	许昌市	长葛市	重点管控单元
284	ZH41108220003	长葛市城镇重点单元	许昌市	长葛市	重点管控单元
285	ZH41108220004	长葛市水重点管控单元	许昌市	长葛市	重点管控单元
286	ZH41108220005	长葛市大气高排放区	许昌市	长葛市	重点管控单元
287	ZH41108220006	长葛市水重点、大气高排放区	许昌市	长葛市	重点管控单元
288	ZH41108220007	长葛市水重点、布局敏感区	许昌市	长葛市	重点管控单元
289	ZH41108220008	长葛市岩溶水严重超采区	许昌市	长葛市	重点管控单元
290	ZH41108220009	长葛市水重点、岩溶水严重超采区	许昌市	长葛市	重点管控单元
291	ZH41108230001	长葛市一般管控单元	许昌市	长葛市	一般管控单元
292	ZH41110210001	源汇区生态保护红线	漯河市	源汇区	优先保护单元
293	ZH41110210002	源汇区水环境优先保护单元	漯河市	源汇区	优先保护单元
294	ZH41110220001	漯河沙澧高新技术产业开发区	漯河市	源汇区	重点管控单元
295	ZH41110220002	源汇区城镇重点单元	漯河市	源汇区	重点管控单元
296	ZH41110220003	源汇区大气重点单元	漯河市	源汇区	重点管控单元
297	ZH41110220004	源汇区高污染燃料禁燃区	漯河市	源汇区	重点管控单元
298	ZH41110310001	郾城区生态保护红线	漯河市	郾城区	优先保护单元
299	ZH41110310002	郾城区水环境优先保护单元	漯河市	郾城区	优先保护单元
300	ZH41110320001	郾城区先进制造业开发区	漯河市	郾城区	重点管控单元
301	ZH41110320002	郾城区城镇重点单元	漯河市	郾城区	重点管控单元
302	ZH41110320003	郾城区水重点单元	漯河市	郾城区	重点管控单元
303	ZH41110320004	郾城区大气重点单元	漯河市	郾城区	重点管控单元
304	ZH41110320005	郾城区水重点、大气重点单元	漯河市	郾城区	重点管控单元
305	ZH41110320006	郾城区高污染燃料禁燃区	漯河市	郾城区	重点管控单元
306	ZH41110420001	漯河召陵先进制造业开发区	漯河市	召陵区	重点管控单元
307	ZH41110420002	漯河经济技术开发区	漯河市	召陵区	重点管控单元
308	ZH41110420003	召陵区城镇重点单元	漯河市	召陵区	重点管控单元
309	ZH41110420004	召陵区大气重点单元	漯河市	召陵区	重点管控单元
310	ZH41110420005	召陵区高污染燃料禁燃区	漯河市	召陵区	重点管控单元

续表 4-1

序号	管控单元编码	管控单元名称	市	县	管控单元分类
311	ZH41112110001	舞阳县生态保护红线	漯河市	舞阳县	优先保护单元
312	ZH41112110002	舞阳县水环境优先保护单元	漯河市	舞阳县	优先保护单元
313	ZH41112120001	舞阳经济技术开发区	漯河市	舞阳县	重点管控单元
314	ZH41112120002	舞阳县城镇重点单元	漯河市	舞阳县	重点管控单元
315	ZH41112120003	舞阳县大气重点单元	漯河市	舞阳县	重点管控单元
316	ZH41112120004	舞阳县高污染燃料禁燃区	漯河市	舞阳县	重点管控单元
317	ZH41112210001	临颍县生态保护红线	漯河市	临颍县	优先保护单元
318	ZH41112220001	临颍县现代家居产业园区	漯河市	临颍县	重点管控单元
319	ZH41112220002	临颍经济技术开发区	漯河市	临颍县	重点管控单元
320	ZH41112220003	临颍县城镇重点单元	漯河市	临颍县	重点管控单元
321	ZH41112220004	临颍县大气重点单元	漯河市	临颍县	重点管控单元
322	ZH41112230001	临颍县一般管控单元	漯河市	临颍县	一般管控单元
323	ZH41133010001	桐柏县生态保护红线	南阳市	桐柏县	优先保护单元
324	ZH41133010002	桐柏县水环境优先保护单元	南阳市	桐柏县	优先保护单元
325	ZH41133010003	桐柏县一般生态空间	南阳市	桐柏县	优先保护单元
326	ZH41133020001	桐柏县先进制造业开发区	南阳市	桐柏县	重点管控单元
327	ZH41133020003	桐柏县城镇重点单元	南阳市	桐柏县	重点管控单元
328	ZH41133020004	桐柏县水重点单元	南阳市	桐柏县	重点管控单元
329	ZH41133020005	桐柏县矿产重点单元	南阳市	桐柏县	重点管控单元
330	ZH41133020006	桐柏县大气重点单元	南阳市	桐柏县	重点管控单元
331	ZH41133030001	桐柏县一般管控单元	南阳市	桐柏县	一般管控单元
332	ZH41140210001	梁园区生态保护红线	商丘市	梁园区	优先保护单元
333	ZH41140210002	梁园区水环境优先保护单元	商丘市	梁园区	优先保护单元
334	ZH41140210003	梁园区一般生态空间	商丘市	梁园区	优先保护单元
335	ZH41140220001	商丘现代服务业开发区	商丘市	梁园区	重点管控单元
336	ZH41140220002	商丘高新技术产业开发区	商丘市	梁园区	重点管控单元
337	ZH41140220003	商丘经济技术产业集聚区	商丘市	梁园区	重点管控单元
338	ZH41140220004	梁园区城镇重点单元	商丘市	梁园区	重点管控单元
339	ZH41140220005	梁园区水重点单元	商丘市	梁园区	重点管控单元
340	ZH41140220006	梁园区大气重点单元	商丘市	梁园区	重点管控单元
341	ZH41140220007	梁园区水重点、大气重点单元	商丘市	梁园区	重点管控单元

续表 4-1

序号	管控单元编码	管控单元名称	市	县	管控单元分类
342	ZH41140220008	梁园区重点管控单元(大气重点、深层承压水严重超采区)	商丘市	梁园区	重点管控单元
343	ZH41140230001	梁园区一般管控单元	商丘市	梁园区	一般管控单元
344	ZH41140310002	睢阳区水环境优先保护单元	商丘市	睢阳区	优先保护单元
345	ZH41140310003	睢阳区一般生态空间	商丘市	睢阳区	优先保护单元
346	ZH41140320001	商丘睢阳高新技术产业开发区	商丘市	睢阳区	重点管控单元
347	ZH41140320002	商丘经济技术产业集聚区	商丘市	睢阳区	重点管控单元
348	ZH41140320003	睢阳区城镇重点单元	商丘市	睢阳区	重点管控单元
349	ZH41140320004	睢阳区大气重点单元	商丘市	睢阳区	重点管控单元
350	ZH41140330001	睢阳区一般管控单元	商丘市	睢阳区	一般管控单元
351	ZH41142110001	民权县生态保护红线	商丘市	民权县	优先保护单元
352	ZH41142110002	民权县水环境优先保护单元	商丘市	民权县	优先保护单元
353	ZH41142110003	民权县一般生态空间	商丘市	民权县	优先保护单元
354	ZH41142120001	民权高新技术产业开发区	商丘市	民权县	重点管控单元
355	ZH41142120002	民权县城镇重点单元	商丘市	民权县	重点管控单元
356	ZH41142130001	民权县一般管控区	商丘市	民权县	一般管控单元
357	ZH41142210001	睢县生态保护红线	商丘市	睢县	优先保护单元
358	ZH41142210002	睢县水环境优先保护单元	商丘市	睢县	优先保护单元
359	ZH41142220001	睢县先进制造业开发区	商丘市	睢县	重点管控单元
360	ZH41142220002	睢县城镇重点单元	商丘市	睢县	重点管控单元
361	ZH41142220003	睢县水重点单元	商丘市	睢县	重点管控单元
362	ZH41142220004	睢县大气重点单元	商丘市	睢县	重点管控单元
363	ZH41142230001	睢县一般管控区	商丘市	睢县	一般管控单元
364	ZH41142310001	宁陵县生态保护红线	商丘市	宁陵县	优先保护单元
365	ZH41142320001	宁陵县先进制造业开发区	商丘市	宁陵县	重点管控单元
366	ZH41142320002	宁陵县城镇重点单元	商丘市	宁陵县	重点管控单元
367	ZH41142320003	宁陵县大气重点单元	商丘市	宁陵县	重点管控单元
368	ZH41142330001	宁陵县一般管控单元	商丘市	宁陵县	一般管控单元
369	ZH41142410001	柘城县生态保护红线	商丘市	柘城县	优先保护单元
370	ZH41142410002	柘城县水环境优先保护单元	商丘市	柘城县	优先保护单元
371	ZH41142420001	柘城高新技术产业开发区	商丘市	柘城县	重点管控单元

续表 4-1

序号	管控单元编码	管控单元名称	市	县	管控单元分类
372	ZH41142420002	柘城县城镇重点单元	商丘市	柘城县	重点管控单元
373	ZH41142420003	柘城县大气重点单元	商丘市	柘城县	重点管控单元
374	ZH41142430001	柘城县一般管控区	商丘市	柘城县	一般管控单元
375	ZH41142510001	虞城县生态保护红线	商丘市	虞城县	优先保护单元
376	ZH41142520001	虞城高新技术产业开发区	商丘市	虞城县	重点管控单元
377	ZH41142520002	虞城县城镇重点单元	商丘市	虞城县	重点管控单元
378	ZH41142520003	虞城县水重点单元	商丘市	虞城县	重点管控单元
379	ZH41142520004	虞城县大气重点单元	商丘市	虞城县	重点管控单元
380	ZH41142520005	虞城县水重点、大气重点单元	商丘市	虞城县	重点管控单元
381	ZH41142520006	商丘现代服务业开发区	商丘市	虞城县	重点管控单元
382	ZH41142530001	虞城县一般管控单元	商丘市	虞城县	一般管控单元
383	ZH41142610001	夏邑县生态保护红线	商丘市	夏邑县	优先保护单元
384	ZH41142610002	夏邑县水环境优先保护单元	商丘市	夏邑县	优先保护单元
385	ZH41142620001	夏邑高新技术产业开发区	商丘市	夏邑县	重点管控单元
386	ZH41142620002	夏邑县城镇重点单元	商丘市	夏邑县	重点管控单元
387	ZH41142620003	夏邑县大气重点单元	商丘市	夏邑县	重点管控单元
388	ZH41142630001	夏邑县一般管控单元	商丘市	夏邑县	一般管控单元
389	ZH41148110001	永城市生态保护红线	商丘市	永城市	优先保护单元
390	ZH41148110002	永城市水环境优先保护单元	商丘市	永城市	优先保护单元
391	ZH41148110003	永城市一般生态空间	商丘市	永城市	优先保护单元
392	ZH41148120001	永城经济技术开发区	商丘市	永城市	重点管控单元
393	ZH41148120002	永城市城镇重点单元	商丘市	永城市	重点管控单元
394	ZH41148120003	永城市大气重点单元	商丘市	永城市	重点管控单元
395	ZH41148120004	永城市深层承压水严重超采区	商丘市	永城市	重点管控单元
396	ZH41148120005	永城市大气重点、深层承压水严重超采区	商丘市	永城市	重点管控单元
397	ZH41148130001	永城市一般管控单元	商丘市	永城市	一般管控单元
398	ZH41150210001	浉河区生态保护红线	信阳市	浉河区	优先保护单元
399	ZH41150210002	浉河区水环境优先保护单元	信阳市	浉河区	优先保护单元
400	ZH41150210003	浉河区一般生态空间	信阳市	浉河区	优先保护单元
401	ZH41150220001	信阳经济技术开发区	信阳市	浉河区	重点管控单元

续表4-1

序号	管控单元编码	管控单元名称	市	县	管控单元分类
402	ZH41150220002	浉河区城镇重点单元	信阳市	浉河区	重点管控单元
403	ZH41150220003	浉河区大气重点单元	信阳市	浉河区	重点管控单元
404	ZH41150230001	浉河区一般管控单元	信阳市	浉河区	一般管控单元
405	ZH41150310001	平桥区生态保护红线	信阳市	平桥区	优先保护单元
406	ZH41150310002	平桥区水环境优先保护单元	信阳市	平桥区	优先保护单元
407	ZH41150310003	平桥区一般生态空间	信阳市	平桥区	优先保护单元
408	ZH41150320001	信阳高新技术产业开发区	信阳市	平桥区	重点管控单元
409	ZH41150320002	信阳经济技术开发区	信阳市	平桥区	重点管控单元
410	ZH41150320005	平桥区城镇重点单元	信阳市	平桥区	重点管控单元
411	ZH41150320006	平桥区大气重点单元	信阳市	平桥区	重点管控单元
412	ZH41150330001	平桥区一般管控单元	信阳市	平桥区	一般管控单元
413	ZH41152110001	罗山县生态保护红线	信阳市	罗山县	优先保护单元
414	ZH41152110002	罗山县水环境优先保护单元	信阳市	罗山县	优先保护单元
415	ZH41152110003	罗山县一般生态空间	信阳市	罗山县	优先保护单元
416	ZH41152120001	罗山县先进制造业开发区	信阳市	罗山县	重点管控单元
417	ZH41152120002	罗山县城镇重点单元	信阳市	罗山县	重点管控单元
418	ZH41152130001	罗山县一般管控单元	信阳市	罗山县	一般管控单元
419	ZH41152210001	光山县生态保护红线	信阳市	光山县	优先保护单元
420	ZH41152210002	光山县水环境优先保护单元	信阳市	光山县	优先保护单元
421	ZH41152210003	光山县一般生态空间	信阳市	光山县	优先保护单元
422	ZH41152220001	光山县先进制造业开发区	信阳市	光山县	重点管控单元
423	ZH41152220002	光山县城镇重点单元	信阳市	光山县	重点管控单元
424	ZH41152220004	北京九州宝兴科技有限公司新县宝安寨钼矿	信阳市	光山县	重点管控单元
425	ZH41152220005	豫东南高新技术产业开发区	信阳市	光山县	重点管控单元
426	ZH41152230001	光山县一般管控单元	信阳市	光山县	一般管控单元
427	ZH41152310001	新县生态保护红线	信阳市	新县	优先保护单元
428	ZH41152310002	新县水环境优先保护单元	信阳市	新县	优先保护单元
429	ZH41152310003	新县一般生态空间	信阳市	新县	优先保护单元
430	ZH41152320001	新县先进制造业开发区	信阳市	新县	重点管控单元
431	ZH41152320002	新县城镇重点单元	信阳市	新县	重点管控单元

续表4-1

序号	管控单元编码	管控单元名称	市	县	管控单元分类
432	ZH41152320003	新县水重点、大气重点单元	信阳市	新县	重点管控单元
433	ZH41152320004	北京九州宝兴科技有限公司新县宝安寨钼矿	信阳市	新县	重点管控单元
434	ZH41152330001	新县一般管控单元	信阳市	新县	一般管控单元
435	ZH41152410001	商城县生态保护红线	信阳市	商城县	优先保护单元
436	ZH41152410002	商城县水环境优先保护单元	信阳市	商城县	优先保护单元
437	ZH41152410003	商城县一般生态空间	信阳市	商城县	优先保护单元
438	ZH41152420001	商城县先进制造业开发区	信阳市	商城县	重点管控单元
439	ZH41152420002	商城县城镇重点单元	信阳市	商城县	重点管控单元
440	ZH41152420003	商城县水重点单元	信阳市	商城县	重点管控单元
441	ZH41152430001	商城县一般管控单元	信阳市	商城县	一般管控单元
442	ZH41152510001	固始县生态保护红线	信阳市	固始县	优先保护单元
443	ZH41152510002	固始县水环境优先保护单元	信阳市	固始县	优先保护单元
444	ZH41152510003	固始县一般生态空间	信阳市	固始县	优先保护单元
445	ZH41152520002	固始县先进制造业开发区	信阳市	固始县	重点管控单元
446	ZH41152520003	固始县城镇重点单元	信阳市	固始县	重点管控单元
447	ZH41152530001	固始县一般管控单元	信阳市	固始县	一般管控单元
448	ZH41152610001	潢川县生态保护红线	信阳市	潢川县	优先保护单元
449	ZH41152610002	潢川县水环境优先保护单元	信阳市	潢川县	优先保护单元
450	ZH41152610003	潢川县一般生态空间	信阳市	潢川县	优先保护单元
451	ZH41152620001	潢川经济开发区	信阳市	潢川县	重点管控单元
452	ZH41152620002	潢川县城镇重点单元	信阳市	潢川县	重点管控单元
453	ZH41152620003	潢川县水重点单元	信阳市	潢川县	重点管控单元
454	ZH41152620004	豫东南高新技术产业开发区	信阳市	潢川县	重点管控单元
455	ZH41152630001	潢川县一般管控单元	信阳市	潢川县	一般管控单元
456	ZH41152710001	淮滨县生态保护红线	信阳市	淮滨县	优先保护单元
457	ZH41152710002	淮滨县水环境优先保护单元	信阳市	淮滨县	优先保护单元
458	ZH41152710003	淮滨县一般生态空间	信阳市	淮滨县	优先保护单元
459	ZH41152720001	淮滨县先进制造业开发区	信阳市	淮滨县	重点管控单元
460	ZH41152720002	淮滨县城镇重点单元	信阳市	淮滨县	重点管控单元
461	ZH41152720003	淮滨县水重点单元	信阳市	淮滨县	重点管控单元

续表4-1

序号	管控单元编码	管控单元名称	市	县	管控单元分类
462	ZH41152720004	淮滨县水重点、大气重点单元	信阳市	淮滨县	重点管控单元
463	ZH41152730001	淮滨县一般管控单元	信阳市	淮滨县	一般管控单元
464	ZH41152810001	息县生态保护红线	信阳市	息县	优先保护单元
465	ZH41152810002	息县水环境优先保护单元	信阳市	息县	优先保护单元
466	ZH41152810003	息县一般生态空间	信阳市	息县	优先保护单元
467	ZH41152820001	息县先进制造业开发区	信阳市	息县	重点管控单元
468	ZH41152820002	息县城镇重点单元	信阳市	息县	重点管控单元
469	ZH41152830001	息县一般管控单元	信阳市	息县	一般管控单元
470	ZH41160220001	周口高新技术产业开发区	周口市	川汇区	重点管控单元
471	ZH41160220002	周口临港开发区	周口市	川汇区	重点管控单元
472	ZH41160220003	川汇区城镇重点单元	周口市	川汇区	重点管控单元
473	ZH41160220004	川汇区水重点单元	周口市	川汇区	重点管控单元
474	ZH41160220005	川汇区大气重点单元	周口市	川汇区	重点管控单元
475	ZH41160220006	川汇区水重点、大气重点单元	周口市	川汇区	重点管控单元
476	ZH41160220007	周口现代服务业开发区	周口市	川汇区	重点管控单元
477	ZH41160310001	淮阳区生态保护红线	周口市	淮阳区	优先保护单元
478	ZH41160310002	淮阳区水环境优先保护单元	周口市	淮阳区	优先保护单元
479	ZH41160310003	淮阳区一般生态空间	周口市	淮阳区	优先保护单元
480	ZH41160320001	周口先进制造业开发区	周口市	淮阳区	重点管控单元
481	ZH41160320002	淮阳区城镇重点单元	周口市	淮阳区	重点管控单元
482	ZH41160320003	淮阳区水重点单元	周口市	淮阳区	重点管控单元
483	ZH41160320004	淮阳区水重点、大气重点单元	周口市	淮阳区	重点管控单元
484	ZH41160330001	淮阳区一般管控单元	周口市	淮阳区	一般管控单元
485	ZH41162110003	扶沟县一般生态空间	周口市	扶沟县	优先保护单元
486	ZH41162120001	扶沟县先进制造业开发区	周口市	扶沟县	重点管控单元
487	ZH41162120002	扶沟县城镇重点单元	周口市	扶沟县	重点管控单元
488	ZH41162120003	扶沟县水重点单元	周口市	扶沟县	重点管控单元
489	ZH41162130001	扶沟县一般管控单元	周口市	扶沟县	一般管控单元
490	ZH41162210003	西华县一般生态空间	周口市	西华县	优先保护单元
491	ZH41162220001	西华县经济技术开发区	周口市	西华县	重点管控单元
492	ZH41162220002	西华县城镇重点单元	周口市	西华县	重点管控单
493	ZH41162220003	西华县水重点单元	周口市	西华县	重点管控单元
494	ZH41162220004	西华县大气重点单元	周口市	西华县	重点管控单元

续表 4-1

序号	管控单元编码	管控单元名称	市	县	管控单元分类
495	ZH41162230001	西华县一般管控单元	周口市	西华县	一般管控单元
496	ZH41162310002	商水县水环境优先保护单元	周口市	商水县	优先保护单元
497	ZH41162320001	周口临港开发区	周口市	商水县	重点管控单元
498	ZH41162320002	商水经济技术开发区	周口市	商水县	重点管控单元
499	ZH41162320003	商水县城镇重点单元	周口市	商水县	重点管控单元
500	ZH41162320004	商水县水重点单元	周口市	商水县	重点管控单元
501	ZH41162320005	商水县大气重点单元	周口市	商水县	重点管控单元
502	ZH41162320006	商水县水重点、大气重点单元	周口市	商水县	重点管控单元
503	ZH41162330001	商水县一般管控单元	周口市	商水县	一般管控单元
504	ZH41162410001	沈丘县生态保护红线	周口市	沈丘县	优先保护单元
505	ZH41162410002	沈丘县水环境优先保护单元	周口市	沈丘县	优先保护单元
506	ZH41162420001	沈丘县先进制造业开发区	周口市	沈丘县	重点管控单元
507	ZH41162420002	沈丘县城镇重点单元	周口市	沈丘县	重点管控单元
508	ZH41162430001	沈丘县一般管控单元	周口市	沈丘县	一般管控单元
509	ZH41162520001	郸城高新技术产业开发区	周口市	郸城县	重点管控单元
510	ZH41162520002	郸城县城镇重点单元	周口市	郸城县	重点管控单元
511	ZH41162520003	郸城县水重点单元	周口市	郸城县	重点管控单元
512	ZH41162530001	郸城县一般管控单元	周口市	郸城县	一般管控单元
513	ZH41162720001	太康县先进制造业开发区	周口市	太康县	重点管控单元
514	ZH41162720002	太康县城镇重点单元	周口市	太康县	重点管控单元
515	ZH41162720003	太康县水重点单元	周口市	太康县	重点管控单元
516	ZH41162730001	太康县一般管控单元	周口市	太康县	一般管控单元
517	ZH41162810001	鹿邑县生态保护红线	周口市	鹿邑县	优先保护单元
518	ZH41162810002	鹿邑县水环境优先保护单元	周口市	鹿邑县	优先保护单元
519	ZH41162820001	鹿邑县先进制造业开发区	周口市	鹿邑县	重点管控单元
520	ZH41162820002	鹿邑县城镇重点单元	周口市	鹿邑县	重点管控单元
521	ZH41162820003	鹿邑县大气重点单元	周口市	鹿邑县	重点管控单元
522	ZH41162830001	鹿邑县一般管控单元	周口市	鹿邑县	一般管控单元
523	ZH41168110001	项城市生态保护红线	周口市	项城市	优先保护单元
524	ZH41168110002	项城市水环境优先保护单元	周口市	项城市	优先保护单元
525	ZH41168120001	项城市先进制造业开发区	周口市	项城市	重点管控单元
526	ZH41168120002	项城市城镇重点单元	周口市	项城市	重点管控单元
527	ZH41168120003	项城市水重点单元	周口市	项城市	重点管控单元

续表 4-1

序号	管控单元编码	管控单元名称	市	县	管控单元分类
528	ZH41168120004	项城市大气重点单元	周口市	项城市	重点管控单元
529	ZH41168130001	项城市一般管控单元	周口市	项城市	一般管控单元
530	ZH41170210001	驿城区生态保护红线	驻马店市	驿城区	优先保护单元
531	ZH41170210002	驿城区水环境优先保护单元	驻马店市	驿城区	优先保护单元
532	ZH41170210003	驿城区一般生态空间	驻马店市	驿城区	优先保护单元
533	ZH41170220001	驻马店经济技术开发区	驻马店市	驿城区	重点管控单元
534	ZH41170220002	驻马店高新技术产业开发区	驻马店市	驿城区	重点管控单元
535	ZH41170220003	驿城区城镇重点单元	驻马店市	驿城区	重点管控单元
536	ZH41170220005	驿城区大气重点单元	驻马店市	驿城区	重点管控单元
537	ZH41170230001	驿城区一般管控单元	驻马店市	驿城区	一般管控单元
538	ZH41172110001	西平县生态保护红线	驻马店市	西平县	优先保护单元
539	ZH41172110002	西平县水环境优先保护单元	驻马店市	西平县	优先保护单元
540	ZH41172110003	西平县一般生态空间	驻马店市	西平县	优先保护单元
541	ZH41172120001	西平县先进制造业开发区	驻马店市	西平县	重点管控单元
542	ZH41172120002	西平县城镇重点单元	驻马店市	西平县	重点管控单元
543	ZH41172120003	西平县大气重点单元	驻马店市	西平县	重点管控单元
544	ZH41172130001	西平县一般管控单元	驻马店市	西平县	一般管控单元
545	ZH41172220001	上蔡县先进制造业开发区	驻马店市	上蔡县	重点管控单元
546	ZH41172220002	上蔡县城镇重点单元	驻马店市	上蔡县	重点管控单元
547	ZH41172220003	上蔡县大气重点单元	驻马店市	上蔡县	重点管控单元
548	ZH41172230001	上蔡县一般管控区	驻马店市	上蔡县	一般管控单元
549	ZH41172310001	平舆县一般生态空间	驻马店市	平舆县	优先保护单元
550	ZH41172320001	平舆县先进制造业开发区	驻马店市	平舆县	重点管控单元
551	ZH41172320002	平舆县城镇重点单元	驻马店市	平舆县	重点管控单元
552	ZH41172320003	平舆县大气重点单元	驻马店市	平舆县	重点管控单元
553	ZH41172330001	平舆县一般管控单元	驻马店市	平舆县	一般管控单元
554	ZH41172410003	正阳县一般生态空间	驻马店市	正阳县	优先保护单元
555	ZH41172420001	正阳县先进制造业开发区	驻马店市	正阳县	重点管控单元
556	ZH41172420002	正阳县城镇重点单元	驻马店市	正阳县	重点管控单元
557	ZH41172430001	正阳县一般管控区	驻马店市	正阳县	一般管控单元
558	ZH41172510001	确山县生态保护红线	驻马店市	确山县	优先保护单元
559	ZH41172510002	确山县水环境优先保护单元	驻马店市	确山县	优先保护单元
560	ZH41172510003	确山县一般生态空间	驻马店市	确山县	优先保护单元

续表 4-1

序号	管控单元编码	管控单元名称	市	县	管控单元分类
561	ZH41172520001	确山县先进制造业开发区	驻马店市	确山县	重点管控单元
562	ZH41172520002	确山县城镇重点单元	驻马店市	确山县	重点管控单元
563	ZH41172530001	确山县一般管控区	驻马店市	确山县	一般管控单元
564	ZH41172610001	泌阳县生态保护红线	驻马店市	泌阳县	优先保护单元
565	ZH41172610002	泌阳县水环境优先保护区	驻马店市	泌阳县	优先保护单元
566	ZH41172610003	泌阳县一般生态空间	驻马店市	泌阳县	优先保护单元
567	ZH41172630001	泌阳县一般管控区	驻马店市	泌阳县	一般管控单元
568	ZH41172710001	汝南县生态保护红线	驻马店市	汝南县	优先保护单元
569	ZH41172710002	汝南县水环境优先保护单元	驻马店市	汝南县	优先保护单元
570	ZH41172710003	汝南县一般生态空间	驻马店市	汝南县	优先保护单元
571	ZH41172720001	汝南县先进制造业开发区	驻马店市	汝南县	重点管控单元
572	ZH41172720002	汝南县城镇重点单元	驻马店市	汝南县	重点管控单元
573	ZH41172720003	汝南县大气重点单元	驻马店市	汝南县	重点管控单元
574	ZH41172730001	汝南县一般管控单元	驻马店市	汝南县	一般管控单元
575	ZH41172810001	遂平县生态保护红线	驻马店市	遂平县	优先保护单元
576	ZH41172810003	遂平县一般生态空间	驻马店市	遂平县	优先保护单元
577	ZH41172820001	遂平县先进制造业开发区	驻马店市	遂平县	重点管控单元
578	ZH41172820002	遂平县城镇重点单元	驻马店市	遂平县	重点管控单元
579	ZH41172820003	遂平县大气重点单元	驻马店市	遂平县	重点管控单元
580	ZH41172820004	驻马店经济技术开发区	驻马店市	遂平县	重点管控单元
581	ZH41172830001	遂平县一般管控单元	驻马店市	遂平县	一般管控单元
582	ZH41172920001	新蔡县先进制造业开发区	驻马店市	新蔡县	重点管控单元
583	ZH41172920002	新蔡县城镇重点单元	驻马店市	新蔡县	重点管控单元
584	ZH41172920003	新蔡县大气重点单元	驻马店市	新蔡县	重点管控单元
585	ZH41172930001	新蔡县一般管控单元	驻马店市	新蔡县	一般管控单元

河南省淮河流域管控单元图

第二节　淮河流域生态环境准入清单

河南省淮河流域生态环境准入要求包含省级总体管控要求、市级总体准入要求以及各管控单元管控要求。

一、省级总体管控要求

（一）空间布局约束

（1）禁止在淮河流域新建化学制浆造纸企业，以及新建制革、化工、印染、电镀、酿造等污染严重的小型企业。

（2）严格落实南水北调干渠水源地保护的有关规定，避免水体受到污染。

（二）污染物排放管控

（1）严格执行洪河、惠济河、贾鲁河、清潩河等流域水污染物排放标准，控制排放总量。

（2）推进城镇污水处理厂建设，提升污水收集效能。加强农业农村污染防治，以乡镇政府所在地、南水北调中线工程总干渠沿线村庄为重点，梯次推进农村生活污水治理；加快推进畜禽粪污资源化利用。

（三）环境风险管控

（1）以涡河、惠济河、包河、沱河、浍河等河流跨省界河段为重点，加大跨省界河流污染整治力度，推进闸坝优化调度。

（2）对具有通航功能的重点河流加强船舶污染物防控，防治事故性溢油和操作性排放的油污染。

（四）资源利用效率

（1）在提高工业、农业和城镇生活用水节约化水平的同时，提高非常规水利用率；重点抓好缺水城市污水再生利用设施建设与改造。

（2）在粮食核心区规模化推行高效节水灌溉；实施工业节水减排行动，大力推进工业水循环利用，推进节水型企业、节水型工业园区建设。

（3）重点推进南水北调受水区地下水压采工作，加快公共供水管网建设，逐步关停自备井。

二、市级总体准入要求

（一）郑州市

1.空间布局约束

（1）禁止在黄河干支流岸线管控范围内新建、扩建化工园区和化工项目，禁止在黄河干流岸线和重要支流岸线的管控范围内新建、改建、扩建尾矿库；推进沿黄重点地区拟建工业项目按要求进入合规工业园区，严控高污染、高耗能、高耗水项目，属于落后产能的项目坚决淘汰；不符合产业政策、生态环境分区管控方案、规划环评以及能耗、水耗等有

关要求的工业项目一律不得批准或备案。

（2）黄河干流和伊洛河大堤外 1000 m 范围内有序退出污染企业，严禁新增化工园区和重金属排放企业等对环境有较大污染的产业；大堤外 5000 m 严格控制新增对环境有较大污染的产业。

（3）饮用水水源一级保护区内禁止新建、改建、扩建与供水设施和保护水源无关的建设项目，禁止设置排污口，已设置的排污口必须拆除，禁止从事网箱养殖、旅游、游泳、垂钓或者其他可能污染饮用水水体的活动。饮用水水源二级保护区内禁止新建、改建、扩建排放污染物的建设项目，禁止设置排污口。南水北调饮用水水源保护范围内应严格执行《河南省南水北调饮用水水源保护条例》。

（4）新建露天矿山必须符合矿产资源规划和国家、部、省出台的管理政策。严格采矿权准入管理，新建露天矿山项目原则上必须位于省级矿产资源规划划定的重点开采区内，鼓励集中连片规模化开发。地质遗迹保护区、各类自然保护区、风景名胜区、军事禁区、国家和省法律法规规定禁止从事矿业活动的区域禁止开采。

（5）严格落实能源消费总量和强度"双控"，推行用能预算管理和区域能评制度，实施煤炭消费替代。

（6）新、改、扩建"两高"项目严格落实《生态环境部关于加强高耗能、高排放建设项目生态环境源头防控的指导意见（环环评〔2021〕45 号）》《河南省人民政府办公厅关于印发河南省坚决遏制"两高"项目盲目发展行动方案的通知（豫政办〔2021〕65 号）》和《河南省生态环境厅关于加强"两高"项目生态环境源头防控的实施意见（豫环文〔2021〕100 号）》要求。

（7）加强对规划和建设项目实施后可能造成的环境影响进行分析、预测和评估，重点针对所提出的预防或者减轻不良环境影响的对策和措施进行科学合理性分析，防止新、改、扩建项目实施过程中造成地下水污染隐患。地下水高脆弱区内不宜布局石化、煤化工、危险废物处置、有色金属冶炼、制浆造纸等对水体污染严重的建设项目。

2. 污染物排放管控

（1）新、改、扩建项目主要污染物排放要求应满足当地总量减排要求。

（2）全市水环境国、省控断面水质达到国家、省考核目标要求，稳定劣Ⅴ类水体消除成果，县级以上建成区黑臭水体全面消除，县级以上集中式饮用水水源水质 100% 达到或优于Ⅲ类，南水北调中线干渠水质保持稳定，地下水国考点位水质稳定达标。全市空气质量持续改善，PM2.5 年均浓度等指标完成国家、省考核目标要求。

（3）加快城镇污水处理设施、再生水利用设施建设和提升，推进污水处理设施差别化精准提标，加大再生水利用，加快推进城镇污水处理厂污泥无害化处理处置和资源化利用。新、改、扩建城镇污水处理厂按所在区域出水稳定达到《河南省黄河流域水污染物排放标准》（DB41/2087—2021）、《贾鲁河流域水污染物排放标准》（DB41/908—2014）和《城镇污水处理厂污染物排放标准》（GB 18918—2002）排放限值要求。因地制宜推进农村生活污水治理，农村生活污水处理设施出水达到《农村生活污水处理设施水污染物排放标准》（DB41/1820—2019）排放限值要求。

（4）完善园区污水、垃圾收集和集中处理设施，确保园区污水应收尽收，严控工业废

水未经处理或未有效处理直接排入城镇污水处理系统,提升工业废水资源化利用效率。

(5)优化含VOCs原辅材料和产品的结构,加大低VOCs含量原辅材料的源头替代力度;强化VOCs全环节综合治理,按照"应收尽收、分质收集"原则,选择适宜高效治理技术,确保VOCs稳定达标排放。

(6)严控农业源大气污染物排放,加强秸秆综合利用和禁烧监管,主要农作物化肥农药施用量保持负增长,规模化养殖场粪污处理设施装备全配套,全市基本实现农膜全部回收处理。

3. 环境风险防控

(1)加强重点饮用水水源地河流、重要跨界河流、黄河干流支流以及其他敏感水体风险防控,建立水污染防治联动协作机制和水污染事件应急处置联动机制,完善"一河一策一图"应急预案,加强环境监测能力建设,提高水环境风险防控和应急处置能力。

(2)实施建设用地风险管控和治理修复,依法开展土壤污染状况调查和风险评估,从严管控农药、化工等重点行业污染地块环境监管,防止违规开发利用,做好暂不开发利用污染地块风险管控。

(3)强化"一废一库一品一重"环境风险防控,提升危险废物收集与利用处置能力,加强尾矿库、废弃危险化学品等环境管理,推动涉重金属企业绿色发展,有效防范化解重大生态环境风险。

(4)地下水高脆弱区应进行区域地下水水质监测;地下水重点污染源应按照相关要求做好自行监测、隐患排查、地下水调查评估等工作。

4. 资源开发效率

(1)发展低碳产业,优化能源结构,提高清洁能源利用效率。

(2)持续推进农业、工业、城镇等重点领域节水,实施最严格的水资源管理和取水许可制度,优化水资源配置格局,提升配置效率;拓宽再生水使用途径,将再生水纳入水资源配置体系。

(3)遏制"两高一低"项目盲目发展,新建、扩建"两高"项目应采用先进的工艺技术和装备,单位产品能耗、物耗、水耗和污染物排放强度达到清洁生产先进水平。

(4)巩固提升农用地分类管理和安全利用,确保优先保护类农用地面积不减少、土壤环境质量不下降,确保严格管控类耕地得到安全利用,重点建设用地安全利用实现有效保障。

(二)开封市

1. 空间布局约束

(1)禁止在黄河干支流岸线管控范围内新建、扩建化工园区和化工项目。禁止在黄河流域禁采区和禁采期从事河道采砂活动。在黄河滩区内,不得新规划城镇建设用地、设立新的村镇,已经规划和设立的,不得扩大范围;不得新划定永久基本农田,已经划定为永久基本农田、影响防洪安全的,应当逐步退出;不得新开垦荒地、新建生产堤,已建生产堤影响防洪安全的应当及时拆除,其他生产堤应当逐步拆除。

(2)严禁在黄河干流及主要支流临岸一定范围内新建"两高一资"项目及相关产业园区。沿黄工业园区全部建成污水集中处理设施并稳定达标排放,严控工业废水未经处理或未有效处理直接排入城镇污水处理系统。

（3）严格规划环评审查、节能审查、节水评价和项目环评准入，严控严管新增高污染、高耗能、高排放、高耗水企业。严控钢铁、煤化工、石化、有色金属等行业规模，依法依规淘汰落后产能和化解过剩产能。严禁"挖湖造景"等不合理用水需求。

（4）严格生态缓冲带监管和岸线管控，推动清退、搬迁与生态保护要求不符的生产活动和建设项目。

（5）禁止在黄河湿地保护区域内建设除防洪防汛和湿地保护之外的工程项目。

（6）禁止在淮河流域新建化学制浆造纸、制革、化工、印染、电镀、酿造等污染严重的小型企业。

（7）严禁在开封柳园口省级湿地自然保护区的实验区内开设与自然保护区保护方向不一致的参观、旅游项目。

（8）在饮用水水源保护区内，禁止设置排污口。禁止在饮用水水源一级保护区内新建、改建、扩建与供水设施和保护水源无关的建设项目；已建成的与供水设施和保护水源无关的建设项目，由县级以上人民政府责令拆除或者关闭。禁止在饮用水水源一级保护区内从事网箱养殖、旅游、游泳、垂钓或者其他可能污染饮用水水体的活动。禁止在饮用水水源二级保护区内新建、改建、扩建排放污染物的建设项目；已建成的排放污染物的建设项目，由县级以上人民政府责令拆除或者关闭。

（9）严格限制两高项目盲目发展，新建、改建、扩建"两高"项目须符合生态环境保护法律法规和相关法定规划，满足重点污染物排放总量控制、碳排放达峰目标、相关规划环评和相应行业建设项目环境准入条件、环评文件审批原则要求。

（10）"十四五"时期，沿黄重点地区严控新上高污染、高耗水、高耗能项目。

（11）列入建设用地土壤污染风险管控和修复名录的地块，不得作为住宅、公共管理与公共服务用地。未达到土壤污染风险评估报告确定的风险管控、修复目标的建设用地地块，禁止开工建设任何与风险管控、修复无关的项目。

（12）严控涉重金属及不符合土壤环境管控要求的项目落地。

（13）全市重点行业新（改、扩）建耗煤项目一律实施煤炭消费减量或等量替代。严格控制燃煤发电机组新增装机规模。

（14）全面淘汰退出达不到标准的落后产能和不达标企业。城市中心城区内人口密集区、环境脆弱敏感区周边的高排放、高污染项目，应当限期搬迁、升级改造或者转型、退出。

2. 污染物排放管控

（1）新、改、扩建项目主要污染物排放要求应满足当地总量减排要求。

（2）"十四五"时期，化学需氧量、氨氮、氮氧化物、挥发性有机物等重点工程减排量达到国家、省下达目标要求。

（3）到2025年，全市PM2.5年均浓度达到46.5 $\mu g/m^3$ 以下，全市空气质量优良天数比率达到65.8%。"十四五"期间，全市地表水质量达到国家、省下达目标要求；城市集中式饮用水水源达到或优于Ⅲ类比例达到100%，湿地恢复（建设）面积完成省下达任务。

（4）控制农业源氨排放，严禁垃圾露天焚烧，加强秸秆禁烧与综合利用工作。

（5）加快城乡黑臭水体排查整治，采取截源控污、清淤疏浚、水系连通、生态修复等措施，到2025年，县级城市及县城建成区、较大面积农村黑臭水体基本消除。

（6）建设水系重大连通工程,开辟赵口灌区至马家河生态补水线路,充分利用水资源分配量,最大限度地补充河流生态流量,有效改善河湖生态径流。做好闸坝联合调度工作,对全市闸坝联合调度实施统一管理。

（7）加强河湖水污染综合整治及水生态保护、修复等。实施县内全域水质整体改善方案。

3. 环境风险防控

（1）完善集中式饮用水水源地突发环境事件应急预案,建立饮用水水源地污染来源预警、水质安全应急处理和水厂应急处理三位一体的饮用水水源地应急保障体系。

（2）开展饮用水水源规范化建设和饮用水水源地环境状况排查评估以及风险预警,强化对水源保护区管线穿越、交通运输等风险源的风险管理,依法清理饮用水水源保护区内违法建筑和排污口。

（3）防范跨界水污染风险,建立上下游水污染防治联动协作机制和水污染事件应急处置联动机制。

（4）以黄河干流及主要支流为重点,严控石化、化工、原料药制造、印染、化纤、有色金属等行业企业环境风险。加强企业突发环境事件应急预案备案管理,开展基于环境风险评估和应急资源调查的应急预案修编。

（5）以涉危险废物涉重金属企业、化工园区为重点,完成黄河干流和主要支流突发水污染事件"一河一策一图"全覆盖。以黄河干流和主要支流为重点,加强油气管道环境风险防范,开展新污染物环境调查监测和环境风险评估,推进流域突发环境风险调查与监控预警体系建设,加强流域及地方环境应急物资库建设。

4. 资源利用效率

（1）按照合理有序使用地表水、控制使用地下水、积极利用非常规水的要求,做好区域水资源统筹调配,逐步降低水资源开发利用强度,退减被挤占的生态用水。

（2）新建高耗水项目应尽可能安排在再生水调配体系周边。工业园区以及火电、石化、钢铁、有色、造纸、印染等高耗水项目,具备使用再生水条件但未有效利用的,要严格控制新增取水许可。城市绿化、道路清扫、车辆冲洗、建筑施工、景观环境用水等应当优先使用再生水。鼓励将再生水用于河湖生态补水。

（3）"十四五"期间,全市年用水总量控制完成国家、省下达目标要求。

（4）严格限制新上高耗水、高污染的工业项目;鼓励发展用水效率高的高新技术产业;将化工行业、食品工业等高用水行业作为重点,进一步强化节水。

（5）落实最严格的耕地保护制度,守牢耕地红线和永久基本农田红线,提高土地资源利用效率,提升受污染耕地安全利用水平。到2025年,受污染耕地安全利用率达到95%以上,重点建设用地安全利用得到有效保障。

（6）开封市东界至劳动路,南界至郑汴路,西界至夷山大街,北界至东京大道区域内为禁采区(严重超采区),除《地下水管理条例》第三十五条规定的可取水情形外,禁止取用地下水。

（7）"十四五"期间,全市煤炭消费总量控制完成国家、省下达目标要求。全市能耗增量控制目标控制完成国家、省下达目标要求。

（8）燃料耗煤项目煤炭替代系数为1.1;钢铁、焦化、化工、煤化工、石化、有色、建材等行业"两高"项目燃料用煤消费替代系数为1.5,其他行业燃料用煤消费替代系数为1.2。

（9）严格控制煤炭消费总量,加快发展可再生能源,提高清洁外电输入比重。

（三）洛阳市

1.空间布局约束

（1）按照国家、省、市产业政策关于禁止和限制发展的行业、生产工艺和产业目录要求,持续优化产业结构,严格落实产业政策,实行可持续发展。严格落实国家和省高耗能、高排放、资源型行业准入要求,遏制"两高"行业盲目发展。

（2）严格落实生态红线、基本农田、城镇开发边界、黄河生态带、重要交通干线等保护区管理要求。在国家发布的生态红线范围内,按照生态红线管理要求进行管理。强化永久基本农田管控,落实国家关于永久基本农田保护的规定,统筹矿产资源勘查与开采。城镇建成区或规划区内不得设置矿业权,地热矿泉水等流体类矿产资源应加强开发论证,在不影响城市主体功能区划的前提下谨慎设置。按照洛阳市国土空间总体规划相关内容,落实黄河生态带保护区管理要求。交通干线沿线一定范围内不得开发矿产资源,开发矿产资源不得影响交通,不得造成粉尘、噪声等污染,不得破坏生态环境。

（3）禁止在自然保护区内进行砍伐、放牧、狩猎、捕捞、采药、开垦、烧荒、开矿、采石、挖沙等活动;但是,法律、行政法规另有规定的除外。在自然保护区的核心区和缓冲区内,不得建设任何生产设施。在自然保护区的实验区内,不得建设污染环境、破坏资源或者景观的生产设施。

（4）禁止在风景名胜区内进行开山、采石、开矿、开荒、修坟立碑等破坏景观、植被和地形地貌的活动;禁止修建储存爆炸性、易燃性、放射性、毒害性、腐蚀性物品的设施。禁止违反风景名胜区规划,在风景名胜区内设立各类开发区和在核心景区内建设宾馆、招待所、培训中心、疗养院以及与风景名胜资源保护无关的其他建筑物;已经建设的,应当按照风景名胜区规划,逐步迁出。

（5）禁止在湿地保护范围内设立开发区、产业园区;围垦湿地、填埋湿地;擅自采砂、取土、采矿;擅自排放湿地水资源或者堵截湿地水系与外围水系的通道;非法砍伐林木、采集野生植物;投放有毒有害物质,倾倒废弃物或者排放不达标生活污水、工业废水;破坏野生动物繁殖区和栖息地,鱼类洄游通道,猎捕野生动物;破坏湿地保护设施;擅自建造建筑物、构筑物。

（6）公路、铁路等基础设施建设应该避免穿越保护区,确实必须穿过的,应将生态影响减少到最小程度,并建设便于动物迁移的通道设施。禁止围湖造地和占填河道等改变生态功能的开发建设活动;禁止利用自然湿地净化处理污水。

（7）严格落实水源保护区方面的法律法规,禁止一切破坏水环境生态平衡的活动以及破坏水源林、护岸林、与水源保护相关植被的活动。严格禁止各类污染源进入水源地、湿地、风景区及其保护区范围内。保护区附近不得建设对水质有严重污染的建设项目。现有企业所排废水出水执行《河南省黄河流域水污染物排放标准》(DB41/2087—2021),并逐步迁出。

（8）禁止在黄河流域水土流失严重、生态脆弱区域开展可能造成水土流失的生产建

设活动。确因国家发展战略和国计民生需要建设的,应当进行科学论证,并依法办理审批手续。禁止在黄河干支流岸线管控范围内新建、扩建化工园区和化工项目。禁止在黄河干流岸线和重要支流岸线的管控范围内新建、改建、扩建尾矿库;但是以提升安全水平、生态环境保护水平为目的的改建除外。禁止在黄河流域开放水域养殖、投放外来物种和其他非本地物种种质资源。禁止在黄河流域禁采区和禁采期从事河道采砂活动。在小浪底、故县、陆浑水库库区养殖,应当满足水沙调控和防洪要求,禁止采用网箱、围网和拦河拉网等方式养殖。

禁止在长江流域重点生态功能区布局对生态系统有严重影响的产业。南水北调汇水区范围内严防水环境风险。禁止在长江重要支流岸线 1 km 范围内新建、改建、扩建尾矿库;但是以提升安全、生态环境保护水平为目的的改建除外。长江流域县级以上地方人民政府依法划定禁止采砂区和禁止采砂期,严格控制采砂区域、采砂总量和采砂区域内的采砂船舶数量。

(9)新建露天矿山必须符合矿产资源规划和国家、部、省出台的管理政策。严格按照法律、法规要求规范砂石土类矿产的审查、审批。

(10)严格落实洛阳市国土空间总体规划要求,对生态保护区实行严格保护,建立最严格的准入机制,禁止影响生态功能的开发建设活动,已有开发建设行为逐步引导退出。

(11)矿山开采规模必须与其矿产资源储量规模相适应,符合国家产业政策和矿产资源总体规划要求,引导矿山企业集约化、规模化开采。新建矿山最低开采规模和最低服务年限应严格按照规划要求执行。

(12)严格落实洛阳市国土空间总体规划要求,在崤山、熊耳山等黄土丘陵浅山区、南部及西南部山区和伊河、洛河谷地区域等生态控制区内,限制开展对主导生态功能产生影响的开发建设活动,优先安排生态修复工程。

2.污染物排放管控

(1)2025 年化学需氧量、氨氮、氮氧化物、挥发性有机物重点工程减排量在 2020 年基础上分别达到 10328 t、174 t、6475 t、3595 t。

(2)严格控制重点行业新建排放重金属污染物的建设项目,坚决落实重点行业重金属污染物排放等量置换或减量置换要求。

(3)伊河、洛河、汝河上游、黄河干流(洛阳段)水质保持或优于Ⅱ类,伊洛河水质稳定达到Ⅲ类及以上水平,境内国省考断面优良水体比例达到 92.31% 以上;国家、省考核的县级以上城市集中式饮用水水源地取水水质达标率 100%。地下水国控点位 Ⅴ 类水比例控制在 25% 以内,"双源"周边地下水监测评价点位水质总体保持稳定;大气环境质量持续改善并达到国家、省、市目标要求。土壤环境风险得到有效管控。

(4)加强黄河干流、伊洛河等水质较好水体的保护,做好丹江口水库入库支流好水保护。强化小浪底、陆浑、故县等水库水生态环境保护,持续推进伊河、洛河、瀍河、涧河、北汝河等重要支流河道疏浚及水环境治理,实施中州渠、大明渠、铁路防洪渠、秦岭防洪渠、邙山渠治理巩固提升行动,推动伊川县白降河、孟津区二道河等污染负荷较重河渠整治任务,持续提升黄河流域水生态功能。完善"一河一策"整治方案,统筹推进农业面源污染、工业污染、城乡生活污染防治。深入推进河流"清四乱"专项行动常态化、规范化,依

法打击非法采土、盗挖河砂、私搭乱建等行为。

3.环境风险防控

加强水环境风险防控。以涉危涉重企业、工业园区等为重点,加强水环境风险日常监管,强化应急设施建设,进一步开展尾矿库环境风险隐患排查,建立尾矿库分级分类环境监管制度。完善上下游政府及相关部门之间的联防联控、信息共享、闸坝调度机制,落实防范措施。加强重点饮用水水源地河流、重要跨界河流以及其他敏感水体风险防控,完善"一河一策一图"应急预案,强化重点区域污染监控预警,提高水环境风险防控和应急处置能力。

4.资源利用效率

(1)2025 年,全市高效节水灌溉面积达到 165 万亩左右。全市万元地区生产总值用水量和万元工业增加值用水量要分别比"十三五"末下降5%和18%。到 2025 年,洛阳市再生水利用率达到30%以上。

(2)2025 年,全市年用水总量控制在 16.77 亿 m^3 以内,万元 GDP 用水量下降至 24.3 m^3 以内,万元工业增加值用水量下降至22.1 m^3 以内;

(3)在确定地下水取用水量指标基础上,通过加大节水力度、优化供水结构,压减地下水开采量和多渠道增加水源补给、用好地表水、增加外调水等逐步置换地下水源的"一减一增"双向措施。

(4)2025 年,全市煤炭消费占比降至 60%以下,非化石能源消费占比提高到 15%以上,煤电机组供电煤耗降至 297 克标准煤/千瓦时。

(5)钢铁、焦化、化工、煤化工、石化、有色、建材等行业"两高"项目燃料用煤消费替代系数为 1.5,其他行业燃料用煤消费替代系数为 1.2;煤电以及原料用煤消费替代系数为 1.0。洛阳市耗煤项目煤炭替代系数为 1.1。

(6)"十四五"期间,能源消费碳排放系数为 2 t 二氧化碳/吨标准煤,单位 GDP 能耗下降 15%以上。

(7)2035 年,全市耕地保有量不得低于 335185 公顷,永久基本农田保护面积不低于 300104.2 公顷;城镇建设用地不高于 71301.6 公顷,区域基础设施用地不高于 25238.2 公顷,其他建设用地不高于 10123.7 公顷,村庄建设用地不高于 93498.4 公顷;生态保护红线面积不低于 177135 公顷。2025 年,每万元国内生产总值建设用地使用面积下降30%;到 2035 年,每万元 GDP 建设用地使用面积下降40%。

(四)平顶山市

1.空间布局约束

(1)全市禁止新增钢铁、电解铝、氧化铝、水泥熟料、平板玻璃(光伏压延玻璃除外)、煤化工、焦化、铝用炭素、含烧结工序的耐火材料和砖瓦制品等行业产能,合理控制煤制油气产能规模,严控新增炼油产能。

(2)在禁燃区内,禁止销售、燃用高污染燃料;禁止新建、扩建燃用高污染燃料的设施,已建成的,应当在城市人民政府规定的期限内改用天然气、页岩气、液化石油气、电或者其他清洁能源(集中供热、热电联产设施除外)。

(3)在饮用水水源保护区内,禁止设置排污口。禁止在饮用水水源一级保护区内新

建、改建、扩建与供水设施和保护水源无关的建设项目;禁止在饮用水水源一级保护区内从事网箱养殖、旅游、游泳、垂钓或者其他可能污染饮用水水体的活动。禁止在饮用水水源二级保护区内新建、改建、扩建排放污染物的建设项目;在饮用水水源二级保护区内从事网箱养殖、旅游等活动的,应当按照规定采取措施,防止污染饮用水水体。禁止在饮用水水源准保护区内新建、扩建对水体污染严重的建设项目;改建建设项目,不得增加排污量。一级保护区内已建成的与供水设施和保护水源无关的建设项目,由县级以上人民政府责令拆除或者关闭。二级保护区内已建成的排放污染物的建设项目,由县级以上人民政府责令拆除或者关闭。

(4)禁养区内禁止建设畜禽养殖场和养殖小区。

(5)禁止开采风化壳型超贫磁铁矿、石煤、可耕地砖瓦用黏土、风化壳型砂矿、高硫高灰煤等矿产。设置露天矿山必须符合已批准的矿产资源规划和国家、部、省出台的关于露天矿山管理政策。禁止设置年产规模低于100万t或者资源储量为小型的普通建筑石料矿山(郏县不低于500万t,汝州市不低于300万t);禁止设置年产规模低于10万m^3或者资源储量为小型的饰面用石材矿山。

(6)坚决遏制高耗能、高排放项目盲目发展。新建、改建、扩建"两高"项目须符合生态环境保护法律法规和相关法定规划,满足重点污染物排放总量控制、碳排放达峰目标、生态环境准入清单、相关规划环评和相应行业建设项目环境准入条件、环评文件审批原则要求。石化、现代煤化工项目应纳入国家产业规划。新建、扩建石化、化工、焦化、有色金属冶炼、平板玻璃项目应布设在依法合规设立并经规划环评的产业园区。对于不符合相关法律法规的,依法不予审批。

(7)对澧河、沙河、北汝河及其主要支流、白龟山水库、昭平台水库、孤石滩水库、石漫滩水库、南水北调总干渠和流进中心城市的河流进行保护,其中包括白龟山水库的入库河流、沙河上游、大浪河、澎河、应河及中心城区内的湛河。保护区分为绝对生态控制区和建设控制区,保护范围在下层次规划中予以落实。除绿化以外的城市建设严禁占用绝对生态控制区内的河湖湿地。

2. 污染物排放管控

(1)新、改、扩建项目主要污染物排放要求应满足当地总量减排要求。

(2)在饮用水源保护区内,禁止设置排污口;禁止使用剧毒和高残留农药,不得滥用化肥;禁止利用渗坑、渗井、裂隙等排放污水和其他有害废弃物;禁止利用储水层孔隙、裂隙及废弃矿坑储存石油、放射性物质、有毒化学品、农药等。

(3)以钢铁、焦化、铸造、建材、有色、化工、工业涂装、包装印刷、电镀、制革、造纸、纺织印染、农副食品加工等行业为重点,开展全流程清洁化、循环化、低碳化改造。

(4)推动运输模式绿色转型,加快城市公共交通、公务用车电动化进程,全市新增或更新公交车、出租车、公务用车原则上全部使用新能源汽车(应急车辆除外)。

(5)新建"两高"项目应按照《关于加强重点行业建设项目区域削减措施监督管理的通知》要求,依据区域环境质量改善目标,制定配套区域污染物削减方案,采取有效的污染物区域削减措施,腾出足够的环境容量。国家大气污染防治重点区域(以下称重点区域)内新建耗煤项目还应严格按规定采取煤炭消费减量替代措施,不得使用高污染燃料

作为煤炭减量替代措施。新建、扩建"两高"项目应采用先进适用的工艺技术和装备,单位产品物耗、能耗、水耗等达到清洁生产先进水平,依法制定并严格落实防治土壤与地下水污染的措施。

(6)持续推进散煤整治。对散煤的生产、销售、运输、使用环节开展全过程动态监管,防止散煤设施设备"死灰复燃",持续排查梳理散煤治理改造确村确户、高污染燃料禁燃区划定情况,对未完成散煤治理的建立清单,确保散煤动态清零。

(7)完善综合治理方案并组织实施,针对卫东区及高新区北湛河、叶县灰河、宝丰县净肠河、鲁山县金鸭河、湛河区三曹寨河、城乡一体化示范区贺营沟等污染较重河流,积极谋划水环境综合治理工程,进一步提升水生态环境质量。严格落实河长制,强化控源、治污、扩容、严管,深化河湖"清四乱"行动。重点推进汝州市牛涧河,石龙区玉带河,鲁山县三里河、将相河、大浪河、南城壕、北湛河等河流综合治理工作。

(8)大宗物料优先采用铁路、管道或水路运输,短途接驳优先使用新能源车辆运输。积极推动铁路专用线建设,落实《河南省加快推进铁路专用线进企入园工程实施方案》,推进煤炭、钢铁、电力、焦化、水泥等大宗货物年运输量150万t以上的大型工矿企业以及大型物流园区新(改、扩)建铁路专用线。

(9)严控新增重金属污染物排放量,在有色金属冶炼业(铜、铅锌、镍钴、锡、锑和汞冶炼等)、铅蓄电池制造业、皮革及其制品业(皮革鞣制加工等)、化学原料及化学制品制造业(电石法聚氯乙烯行业、铬盐行业等)、电镀行业等重点行业实施重点重金属减量替代。

3. 环境风险防控

(1)开展饮用水水源规范化建设和饮用水水源地环境状况排查评估以及风险预警,强化对水源保护区管线穿越、交通运输等风险源的风险管理,依法清理饮用水水源保护区内违法建筑和排污口。

(2)强化全市涉化工、危险废物等产业集聚区(专业园区)以及建设项目环境风险防范体系建设,有效防范环境风险。

4. 资源利用效率

(1)"十四五"期间,全市煤炭消费总量控制完成国家、省、市下达目标要求。全市能耗增量控制目标控制完成国家、省、市下达目标要求。严格落实《河南省耗煤项目煤炭消费替代管理(暂行)办法》。新建耗煤项目严格按规定采取煤炭消费减量替代措施,不得使用高污染燃料作为煤炭减量替代措施。"十四五"规划能耗双控和减煤目标:能耗强度下降16%;煤炭消费总量控制目标1940万t。

(2)"十四五"期间,全市年用水总量控制完成国家、省、市下达目标要求。合理调整工业布局和产业结构,限制高耗水项目,淘汰高耗水工艺和设备;鼓励节水技术开发和节水设备、器具的研制,重点抓工业内部循环用水,提高重复利用率。对公共供水能力能够满足用水需求的和南水北调受水区内,应逐步关停自备井,停止开采地下水。在城市公共供水管网能够满足用水需要还要申请地下水的,以及在严重超采区内取用地下水的,不予批准。

(3)实行严格的耕地保护制度和节约用地制度,提高土地资源利用效率。新增建设用地土壤环境安全保障率达100%。

(4)"十四五"期间,单位GDP(生产总值)能耗下降15%以上,煤电机组供电煤耗降

至 297 克标准煤/千瓦时。

(五)许昌市

1. 空间布局约束

(1)禁止新建、扩建单纯新增产能的钢铁、电解铝、水泥、平板玻璃、传统煤化工(甲醇、合成氨)、焦化、铝用炭素、耐火材料制品、砖瓦窑、铅锌冶炼(含再生铅)等高耗能、高排放和产能过剩的产业项目(符合国家、省产能布局的除外)。

(2)禁止新建、扩建以煤炭为燃料的陶瓷项目。原则上禁止新建燃煤自备锅炉、自备燃煤机组和燃料类煤气发生炉。

(3)高污染燃料禁燃区内禁止新建、扩建燃用高污染燃料的锅炉、炉窑、炉灶等燃烧设施(集中供热、电厂锅炉除外),禁止销售、使用高污染燃料。

(4)基本农田保护区、地质灾害易发区、地下矿藏分布区、文物保护单位的保护范围、地下文物埋藏区、水源一级保护区、主要行洪通道、大型基础设施廊道及其控制带为禁止建设区。地表水饮用水源保护区、南水北调中线工程一级保护区、地下水饮用水源、河湖湿地等水源保护地禁止一切可能导致江河源头退化的开发活动和产生水环境污染的工程建设项目;进入饮用水源水体的水质应达到Ⅲ类标准。

(5)南水北调中线工程许昌段饮用水水源保护区内,禁止设置排污口;禁止使用剧毒和高残留农药,不得滥用化肥;禁止利用渗坑、渗井、裂隙等排放污水和其他有害废弃物。在一级保护区内,禁止新建、改建、扩建与供水设施和保护水源无关的建设项目;在二级保护区内,禁止新建、改建、扩建排放污染物的建设项目。

(6)执行《许昌市矿产资源总体规划(2021—2025 年)》中确定的许昌市主要矿山开采规模要求,例如,铝土矿(露天)最低开采规模(大型不低于 100 万 t/a,中型不低于30 万 t/a,小型不低于 10 万 t/a);水泥用灰岩最低开采规模(大型不低于 100 万 t/a,中型不低于 50 万 t/a,小型不低于 30 万 t/a)等。

(7)农业用地区、文物建设控制地带、水源二级保护区、生态环境屏障区(包括山区、林地以及城市间的生态廊道等)、地质灾害中易发区等为限制建设区。不符合空间布局要求的项目逐步退出。

2. 污染物排放管控

(1)新、改、扩建项目主要污染物排放应满足当地总量减排要求。

(2)国家、省绩效分级重点行业以及涉及锅炉炉窑的其他行业,新建、扩建项目和改建项目污染物排放限值、污染治理措施、无组织排放控制水平、运输方式等还应分别达到A 级和 B 级及以上绩效水平。

(3)持续推进污水处理厂建设,沿清潩河流域新建或扩建城镇污水处理厂出水水质主要指标应达到Ⅳ类水标准;其他污水处理厂出水水质主要指标应达到或优于Ⅴ类水标准;污水处理厂其他出水水质指标应达到或优于一级 A 排放标准。具备条件的污水处理厂应建设尾水人工湿地。

(4)严控重点重金属污染物排放,在重有色金属冶炼业(铜、铅锌、镍钴、锡、锑和汞冶炼等)、铅蓄电池制造业、电镀行业、皮革及其制品业(皮革鞣制加工等)、化学原料及化学制品制造业[电石法(聚)氯乙烯制造、铬盐制造、以工业固体废物为原料的锌无机化合物工

业]、皮革鞣制加工业等涉重金属重点行业,实施重点重金属污染物排放"减量替代"。

(5)推动减污降碳协同增效,推动火电、钢铁、化工等重点行业开展全流程二氧化碳减排示范工程,引导企业自愿减排温室气体,控制工业过程温室气体及污染物排放。推动工业、农业、建筑温室气体和污染减排协同控制,加强污水、垃圾等集中处置设施温室气体排放协同控制。

3.环境风险防控

(1)开展饮用水水源规范化建设和饮用水水源地环境状况排查评估以及风险预警,强化对水源保护区管线穿越、交通运输等风险源的风险管理,依法清理饮用水水源保护区内违法建筑和排污口。

(2)防范跨界水污染风险,建立上下游水污染防治联动协作机制和水污染事件应急处置联动机制。

4.资源利用效率

(1)"十四五"期间,全市煤炭消费总量控制完成国家、省、市下达目标要求。全市能耗增量控制目标控制完成国家、省、市下达目标要求。

(2)"十四五"期间,全市年用水总量控制完成国家、省、市下达目标要求。通过再生水管网建设,实现再生水向电厂、道路广场绿化浇洒及部分水质要求较低的工业用户供水。

(3)实行严格的耕地保护制度和节约用地制度,提高土地资源利用效率,实现从扩张型发展向内涵式发展的转变。新增建设用地土壤环境安全保障率达100%。

(六)漯河市

1.空间布局约束

(1)禁止在饮用水水源一级保护区内新建、改建、扩建与供水设施和保护水源无关的建设项目;禁止在饮用水水源二级保护区内新建、改建、扩建排放污染物的项目;禁止在饮用水水源准保护区内新建、扩建对水体污染严重的建设项目。

(2)禁止在水产种质资源保护区内新建排污口。在水产种质资源保护区附近新建、改建、扩建排污口,应当保证保护区水体不受污染。

(3)沙澧河风景区内禁止下列行为:采砂、开荒、取土、修坟立碑;修建储存爆炸性、易燃性、放射性、毒害性、腐蚀性等危险有害物品的设施;倾倒建筑垃圾、工程渣土;向河道内排放污水、倾倒污物、投放各类破坏生态的水生生物及其他污染水体的行为;经营水上餐饮;炸鱼、毒鱼、电鱼,设网以及使用违规渔具捕捞;捕猎野生动物;畜禽饲养、放养,水产养殖;在景物、建(构)筑物或者设施上刻画、涂污、张贴,擅自堆放、悬挂、晾晒物品等;其他损害风景区资源、设施,扰乱秩序和影响景观的行为。

禁止违反风景区规划,在风景区核心区内建设宾馆、培训中心以及与风景名胜资源保护无关的其他建筑物。

外围保护地带进行相关规划、设计、建设时,应当综合考量,不得损害和影响风景区的环境。

(4)在沙河国家湿地公园规划区范围内禁止下列行为:设立开发区、产业园区;围垦湿地、填埋湿地,开垦湿地;擅自采砂、取土;擅自排放沙河国家湿地公园水资源或者堵截沙河国家湿地公园水系与外围水系的通道;非法砍伐林木、采集野生植物;投放有毒有害

物质,倾倒废弃物或者排放不达标生活污水、工业废水;破坏野生动物繁殖区和栖息地、鱼类洄游通道,猎捕野生动物;擅自引进外来物种;破坏沙河国家湿地公园保护设施;擅自建造建筑物、构筑物;其他破坏沙河国家湿地公园的行为。

(5)在河南临颍黄龙湿地公园保护范围内禁止下列行为:设立开发区、产业园区;围垦湿地、填埋湿地;擅自采砂、取土、采矿;擅自排放湿地水资源或者堵截湿地水系与外围水系的通道;非法砍伐林木、采集野生植物;投放有毒有害物质,倾倒废弃物或者排放不达标生活污水、工业废水;破坏野生动物繁殖区和栖息地、鱼类洄游通道,猎捕野生动物;擅自引进外来物种;破坏湿地保护设施;擅自建造建筑物、构筑物;其他破坏湿地资源的活动。

(6)原则上禁止新增钢铁、电解铝、水泥、平板玻璃、传统煤化工(甲醇、合成氨)、焦化、铝用炭素、砖瓦窑、耐火材料、铅锌冶炼(含再生铅)等行业产能,合理控制煤制油气产能,严控新增炼油产能。

(7)全市原则上不再新增自备燃煤机组,不再新建除集中供暖外的燃煤锅炉,鼓励自备燃煤机组实施清洁能源替代。加快热力管网建设,开展远距离供热示范,充分发挥热电联产电厂的供热能力,2025 年底前对 30 万 kW 以上热电联产电厂供热半径 30 km 范围内具备供热替代条件的燃煤锅炉和落后燃煤小热电机组(含自备电厂)进行关停或整合。

(8)沙澧河风景区河道内用于游览观光的船舶应当依法办理审批手续,接受管委会的监管。风景区内游览船舶应当按照划定的航线水域和码头航行、停靠。

(9)新建、改建、扩建"两高"项目应符合生态环境保护法律法规和相关法定规划,满足重点污染物总量控制、碳排放达峰目标、相关规划环评和行业建设项目环境准入条件、环评审批原则要求。新建"两高"项目应按照《生态环境部办公厅关于加强重点行业建设项目区域削减措施监督管理的通知》(环办环评〔2020〕36 号)要求,制定配套区域污染物削减方案,环境质量超标区域实行重点污染物排放倍量削减,环境质量达标区域原则上实施等量削减。新建耗煤项目还应严格按规定采取煤炭消费减量替代措施,不得使用高污染燃料作为煤炭消费减量替代措施。

(10)沙澧河风景名胜区内已经建成的建筑物、构筑物和其他设施与风景区规划不符的,应按照有关法律、法规予以改造或者限期迁出。

2. 污染物排放管控

(1)2025 年区域主要污染物减排量与 2020 年相比,氮氧化物减排 3251 t、挥发性有机物减排 1226 t、化学需氧量减排 5775 t、氨氮减排 185 t。

(2)对化工、电镀、造纸、印染、农副食品加工等行业全面推进清洁生产改造或清洁化改造。全面推行清洁生产,依法对重点企业实施强制性清洁生产审核。

(3)加快补齐污水处理设施短板,提升城镇污水处理厂处理能力,新建、扩建城镇污水处理厂出水标准达到《城镇污水处理厂污染物排放标准》(GB 18918—2002)一级 A 排放标准(其中限定 COD≤30 mg/L、氨氮≤1.5 mg/L、总磷≤0.3 mg/L、总氮≤10 mg/L)。

(4)实施工业低碳行动,推进煤化工、水泥、煤电等产业绿色、减量、提质发展,开展全流程清洁化、循环化、低碳化改造,加快建设绿色制造体系。

(5)巩固水泥行业超低排放改造成效,加强垃圾焚烧发电厂污染治理设施的运行管

理。深入推进工业炉窑大气污染综合治理,加快实施煤改电、煤改气工程,全面提升铸造、铁合金、砖瓦窑、耐火材料制品、有色金属冶炼及压延加工等工业炉窑的治污设施处理能力,加强无组织排放管控。

(6)严控新增重金属污染物排放量,在铅蓄电池制造业、皮革及其制品业(皮革鞣制加工等)、化学原料及化学制品制造业(电石法聚氯乙烯行业、铬盐行业等)、电镀行业等重点行业实施重点重金属减量替代。

(7)实施节能降碳增效行动,提高能源利用效率,推动电力、钢铁、有色金属、建材、石化化工等行业绿色转型发展。

(8)积极实施重点行业企业环境绩效等级提升,重点支持铸造、建材、有色、化工、工业涂装等重点行业企业通过设备更新、技术改造、治理升级等措施提升环境绩效等级。

3. 环境风险防控

加强涉危险废物涉重金属企业、化工园区、集中式饮用水水源地及区域环境风险调查评估,实施分类分级风险管控。协同推进重点区域流域生态环境污染综合防治、风险防控与生态恢复。加强突发环境事件预案体系建设,完善重污染天气应急预案。

4. 资源利用效率

(1)2025 年,全市用水总量控制在 6.1 亿 m^3 以内,万元生产总值用水量降至30.8 m^3,万元工业增加值用水量降至19.4 m^3,农田灌溉水有效利用系数提高到0.699。

(2)2025 年,力争压减地下水超采量4625 万 m^3,地下水水位基本保持稳定。严格地下水管理,加强取水许可和计划用水管理,严格实行产业准入制度,严格控制新建、扩建、改建高耗水项目。开展河湖综合治理,充分利用地表水,实现河湖畅通。结合海绵城市建设,完善雨水利用设施,收集利用城市雨水。

(3)2025 年,全市单位生产总值能源消耗比 2020 年下降16% 以上,能源消费总量实现合理增长。

(4)2025 年,非电煤炭消费总量不增,非化石能源占能源消费总量比重提高到16.5%。

(5)2025 年,全市耕地保有量不得低于178377.64 公顷,永久基本农田保护面积不低于159333.37 公顷;城镇建设用地不高于27144 公顷,交通水利等区域基础设施用地不高于8630 公顷,其他建设用地不高于509 公顷,农村建设用地不高于31015 公顷;生态保护红线面积不低于871.90 公顷;每万元国内生产总值建设用地使用面积下降43%。

(七)南阳市

1. 空间布局约束

(1)禁止引进、新建、改建、扩建不符合产业政策、不符合环境准入条件以及列入产业准入负面清单的产业、企业和项目。

(2)生态保护红线内自然保护地核心保护区外,禁止开发性、生产性建设活动,在符合法律法规的前提下,仅允许以下对生态功能不造成破坏的有限人为活动。生态保护红线内自然保护区、风景名胜区、饮用水水源保护区等区域,依照相关法律法规执行。

①管护巡护、保护执法、科学研究、调查监测、测绘导航、防灾减灾救灾、军事国防、疫情防控等活动及相关的必要设施修筑。

②原住居民和其他合法权益主体,允许在不扩大现有建设用地、耕地、水产养殖规模

和放牧强度(符合草畜平衡管理规定)的前提下,开展种植、放牧、捕捞、养殖等活动,修筑生产生活设施。

③经依法批准的考古调查发掘、古生物化石调查发掘、标本采集和文物保护活动。

④按规定对人工商品林进行抚育采伐,以提升森林质量、优化栖息地、建设生物防火隔离带等为目的的树种更新,和依法开展的竹林采伐经营。

⑤不破坏生态功能的适度参观旅游、科普宣教及符合相关规划的配套性服务设施和相关的必要公共设施建设及维护。

⑥必须且无法避让、符合县级以上国土空间规划的线性基础设施、通讯和防洪、供水设施建设和船舶航行、航道疏浚清淤等活动;已有的合法水利、交通运输等设施运行维护改造。

⑦地质调查与矿产资源勘查开采。

⑧依据县级以上国土空间规划和生态保护修复专项规划开展的生态修复。

⑨法律法规规定允许的其他人为活动。

(3)在南水北调饮用水水源保护范围内,禁止下列行为:

①向水体排放油类、酸液、碱液或者剧毒废液;

②在水体清洗装贮过油类或者有毒污染物的车辆和容器;

③向水体倾倒危险废物、工业固体废物、生活垃圾、建筑垃圾、粪便及其他废弃物;

④使用剧毒、高残留农药;

⑤使用炸药、毒药、电捕杀鱼类和其他生物;

⑥破坏水源涵养林以及与水源保护相关的植被;

⑦法律、法规禁止的其他行为。

在饮用水水源准保护区内,除上述保护范围内禁止的行为以外,还应当禁止下列行为:

①新建、扩建对水体污染严重的建设项目;改建建设项目增加排污量;

②设置化工原料、危险废物和易溶性、有毒有害废弃物的暂存及转运站;

③拦汊筑坝、围网和网箱养殖;

④法律、法规禁止的其他行为。

在饮用水水源二级保护区内,除准保护区禁止的行为以外,还应当禁止下列行为:

①设置排污口;

②新建、改建、扩建排放污染物的建设项目;

③开采矿产资源;

④新铺设输送有毒有害物品的管道;

⑤建设畜禽养殖场;

⑥使用农药,丢弃农药、农药包装物或者清洗施药器械;

⑦建造坟墓;

⑧丢弃或者掩埋动物尸体以及含病原体的其他废物;

⑨使用不符合国家规定防污条件的运载工具运输油类、粪便及其他有毒有害物品;

⑩放生、游泳、垂钓;

⑪法律、法规禁止的其他行为。已建成的排放污染物的建设项目,由县级以上人民政府依法拆除或者关闭。

禁止运输危险化学品的船舶、车辆通过饮用水水源二级保护区;对确需通过的危险化学品运输车辆,应当采取有效安全防护措施,依法报公安机关办理有关手续。

在饮用水水源二级保护区内从事旅游活动的,应当按照规定采取措施,防止污染水体。

在饮用水水源一级保护区内,除二级保护区禁止的行为以外,还应当禁止下列行为:

①新建、改建、扩建与供水设施和保护水源无关的建设项目;

②停靠与保护水源无关的船舶;

③使用化肥;

④从事旅游或者其他污染饮用水水体的活动。

(4)其他饮用水源管控要求

饮用水源地一级保护区内,禁止新建、改建、扩建与供水设施、防汛设施和保护水源无关的建设项目;禁止从事网箱养殖、围汊养殖、旅游、游泳、垂钓、餐饮或者其他可能污染饮用水水体的活动;禁止法律、法规规定的其他禁止行为。

饮用水源地二级保护区内,禁止设置排污口;禁止建设畜禽养殖场、养殖小区;禁止新建、改建、扩建排放污染物的建设项目;禁止擅自从事网箱养殖活动;禁止从事未采取有效措施防止污染饮用水水体的旅游、餐饮等活动;禁止法律、法规规定的其他禁止行为。

(5)在白河水系范围内禁止下列行为:

①违规从事采砂、取土、打井、采石、围库造地、填河造地等活动;

②养殖、投放外来物种或者其他非本地物种种质资源;

③从事电鱼、炸鱼、毒鱼、地笼网鱼等破坏水生生物资源的活动;

④法律、法规规定的其他禁止行为。

在干流、主要支流两岸和水库、湖泊兴利水位线外各2000 m范围内,应当按照规定使用肥料、农药等农业投入品。

(6)一般生态空间

①以保护各类生态空间的主导生态功能为目标,原则上按限制开发区域要求进行管理。依据国家和河南省相关法律法规、管理条例和管理办法,对功能属性单一、管控要求明确的生态空间,按照生态功能属性的既有要求管理;对功能属性交叉且均有既有管理要求的生态空间,按照管控要求的严格程度,从严管理。

②已依法设立采矿权并取得环评审批文件的矿山项目,可以在不损害区域生态功能的前提下继续开采,并及时进行生态恢复。新建、扩建矿山项目应依法履行环评审批手续。

(7)严格控制新设露天矿山,新建、改建、扩建露天矿山项目应当严守永久基本农田、生态保护红线和城镇开发边界三条控制线,符合生态环境分区管控要求。

(8)基本农田保护区,江、河、湖、库、渠,风景名胜区的一级保护区,森林公园的核心景区,饮用水水源一级保护区,坡度大于25°的陡坡地、铁路和电力等基础设施廊道,规划预留的交通通道等地区禁止建设。

(9)全市原则上禁止新增钢铁、电解铝、氧化铝、水泥熟料、平板玻璃(光伏压延玻璃除外)、煤化工、焦化、铝用炭素、含烧结工序的耐火材料和砖瓦制品等行业产能。

（10）严格限制两高项目盲目发展,严把"两高"项目生态环境准入关。新建、改建、扩建"两高"项目应符合生态环境保护法律法规和相关法定规划,满足重点污染物总量控制、碳排放达峰目标、相关规划环评和行业建设项目环境准入条件、环评审批原则要求。

（11）高污染燃料禁燃区内禁止销售、燃用高污染燃料;禁止新建、扩建燃用高污染燃料的设施(集中供热、电厂锅炉除外)。

2. 污染物排放管控

（1）严格实施污染物总量控制制度,落实污染物排放限值及控制要求,根据区域环境质量改善目标,削减污染物排放总量。

（2）强化项目环评及"三同时"管理,新建、扩建"两高"项目应采用先进的工艺技术和装备,单位产品污染物排放强度应达到国内清洁生产先进水平。

（3）以钢铁、铸造、建材、有色、石化、化工、工业涂装、包装印刷、电镀、石油开采、造纸、纺织印染、农副产品加工等行业为重点,开展全流程清洁化、循环化、低碳化改造;加快推进钢铁、水泥、火电行业超低排放改造。

（4）深入推进低挥发性有机物含量原辅材料源头替代,全面推广使用低挥发性有机物含量的涂料、油墨、胶黏剂、清洗剂等新兴原辅材料。

（5）采矿项目矿井涌水应尽可能回用生产或综合利用,外排矿井涌水应满足受纳水体水功能区划和控制断面水质要求;选厂的生产废水及初期雨水、矿石及废石场的淋溶水、尾矿库澄清水及渗滤水应收集回用,不外排。

（6）加快完善现有开发区、工业园区污水收集管网建设,并同步规划建设污水集中处理设施,强化工业废水处理设施运行管理,确保稳定达标排放;按照"减量化、稳定化、无害化、资源化"要求,加快城镇污水处理厂污泥处理设施建设,新建污水处理厂必须有明确的污泥处置途径;依法查处取缔非法污泥堆放点,禁止重金属等污染物不达标的污泥进行土地利用。

3. 环境风险防控

（1）安全利用类耕地加强利用过程监管,严格管控类耕地严禁种植食用农产品;用途变更为住宅、公共管理与公共服务用地及有土壤污染风险的建设用地地块,应当依法开展土壤污染状况调查;污染地块经治理与修复,并符合相应规划用地土壤环境质量要求后,方可进入用地程序;合理规划污染地块土地用途,鼓励农药、化工等行业中重度污染地块优先规划用于拓展生态空间。

（2）以涉重涉危有毒有害等行业企业为重点,加强水环境风险日常监管,强化企业应急建设;完善上下游政府及相关部门之间的联防联控、信息共享、闸坝调度机制,落实防范措施。

（3）化工园区内涉及有毒有害物质的重点场所或者重点设施设备(特别是地下储罐、管网等)应进行防渗漏设计和建设,消除土壤和地下水污染隐患;建立完善的生态环境监测监控和风险预警体系,相关监测监控数据应接入地方监测预警系统;建立满足突发环境事件情形下应急处置需求的应急救援体系、预案、平台和专职应急救援队伍,配备符合相关国家标准、行业标准要求的人员和装备。

（4）在一般管控单元完善环境风险常态化管理体系,强化环境风险预警防控与应急,

保障生态环境安全。

4.资源利用效率

(1)"十四五"期间,全市煤炭消费总量控制完成国家、省、市下达目标要求。全市能耗增量控制目标控制完成国家、省、市下达目标要求。

(2)新建、扩建"两高"项目单位产品物耗、能耗、水耗等达到国内清洁生产先进水平。

(3)实施重点领域节能降碳改造,到 2025 年钢铁、水泥等重点行业产能达到能效标杆水平的比例超过 30%。

(4)除应急取(排)水、地下水监测外,在地下水禁采区,禁止取用地下水;在地下水限采区内,禁止开凿新的取水井或者增加地下水取水量。

(5)实行煤炭、水资源消耗总量和强度双控,优化能源结构,全面推行清洁能源替代,提升资源能源利用效率。

(八)商丘市

1.空间布局约束

(1)禁止在饮用水水源一级保护区内新建、改建、扩建与供水设施和保护水源无关的建设项目;禁止在饮用水水源二级保护区内新建、改建、扩建排放污染物的项目;禁止在饮用水水源准保护区内新建、扩建对水体污染严重的建设项目。

(2)原则上禁止新增钢铁、电解铝、氧化铝、水泥熟料、平板玻璃(光伏压延玻璃除外)、传统煤化工(含甲醇)、焦化、铝用炭素、含烧结工序的耐火材料和砖瓦制品等行业产能,合理控制煤制油气产能规模。强化项目环评及"三同时"管理。

原则上不再设立新的化工园区,确需新设的,须经省联席会议会商同意后报省政府审定;承接列入国家或省级相关规划的化工项目应经省联席会议同意,项目投产前化工园区应通过认定。

(3)严禁不符合我市主体功能定位的各类开发活动,坚决遏制高耗能、高排放项目盲目发展。现有以"两高"行业为主导产业的园区规划环评应增加碳排放情况与减排潜力分析,推动园区绿色低碳发展。新建、改建、扩建"两高"项目须符合生态环境保护法律法规和相关法定规划,满足重点污染物排放总量控制、碳排放达峰目标、相关规划环评和相应行业建设项目环境准入条件、环评文件审批原则要求。

(4)限制开采高硫高灰煤。重点勘查开采地热等矿产。禁止开采风化壳型超贫磁铁矿、石煤、可耕地砖瓦用黏土、风化壳型砂矿等矿产。

(5)全市范围内禁止制造、进口、销售和注册登记国五(不含)以下排放标准的柴油车。全市原则上不再办理使用登记和审批 35 蒸吨/时①及以下燃煤锅炉。全面淘汰退出达不到标准的落后产能和不达标企业。实施重污染企业退城搬迁,加快城市建成区、人群密集区、重点流域的重污染企业和危险化学品等环境风险大的企业搬迁改造、关停退出,推动实施一批水泥行业、化工、商砼企业等重污染企业退城工程。

(6)加强对黄河故道沿线湿地保护与生态修复,统筹推进沿线生态防护林建设,建设

---

① 锅炉行业的专用单位,指锅炉在额定工况下每小时产生的蒸汽量。

生态修复和生物多样性保护样板带。惠济河、涡河、大沙河、包河、浍河、沱河、王引河七条主要河流,实施流域水系治理和沿线林带生态修复,形成保障生态网络安全的河流生态廊道。

(7)狠抓生态保护修复持久战。建立引黄项目常态化监管机制,严把引黄项目准入关,防范违规新上引黄项目。

(8)国家和省级湿地公园保护范围内禁止下列行为:开(围)垦、排干自然湿地,永久性截断自然湿地水源;擅自填埋自然湿地,擅自采砂、采矿、取土;排放不符合水污染物排放标准的工业废水、生活污水及其他污染湿地的废水、污水,倾倒、堆放、丢弃、遗撒固体废物;过度放牧或者滥采野生植物,过度捕捞或者灭绝式捕捞,过度施肥、投药、投放饵料等污染湿地的种植养殖行为;其他破坏湿地及其生态功能的行为。

2.污染物排放管控

(1)新、改、扩建项目主要污染物排放要满足当地总量减排要求。

(2)区域环境空气、地表水环境质量不能满足环境功能区划标准时,重点行业建设项目主要污染物实行区域削减。

(3)以现有污水处理厂为基础,科学布局污水再生利用设施,推行再生水用于生态补水、工业生产和市政杂用等。坚持减量化、稳定化、无害化、资源化,推进污泥无害化处置和资源化利用,新建污水处理厂必须有明确的污泥处置途径。城市建成区、开发区、工业园区污水处理厂扩建工程设计出水标准达到或优于《城镇污水处理厂污染物排放标准》(GB 18918—2002)一级 A 标准设计。

(4)新、改、扩建涉重金属重点行业建设项目应遵循重点重金属污染物排放"减量替代"原则;开展砖瓦、钢铁、有色等重点行业企业提标改造和污染深度治理,严格排污许可管理,推动工业企业绿色发展转型;强化挥发性有机物污染治理。推广大型燃煤电厂热电联产改造,充分挖掘供热潜力,有序淘汰供热管网覆盖范围内的燃煤锅炉和散煤。加大落后燃煤锅炉和燃煤小热电退出力度,推动工业余热、电厂余热、清洁能源等替代煤炭供热供汽;以钢铁、焦化、铸造、建材、有色、石化、化工、工业涂装、包装印刷、电镀、制革、造纸、纺织印染、农副食品加工等行业为重点,开展全流程清洁化、循环化、低碳化改造;推进涂装类、化工类等产业集群分类治理,开展重点行业清洁生产和工业废水资源化利用改造。深化重点行业工业炉窑大气污染综合治理,深化垃圾焚烧发电、生物质发电废气提标治理。严格控制铸造、铁合金、焦化、水泥、建材、耐火材料、有色金属等行业物料存储、运输及生产工艺过程无组织排放。

(5)实施大型规模化养殖场大气氨减排工程,开展清洁养殖工艺、氨气处理工艺、粪肥资源化利用等试点项目;强化全市各级政府秸秆禁烧主体责任,推动秸秆禁烧和综合利用常态化。

(6)有色金属冶炼、铅酸蓄电池、石油加工、化工、电镀、制革和危险化学品生产、储存、使用等企业在拆除生产设施设备、污染治理设施时,要按照国家企业拆除活动污染防治的技术规定,事先制定包括应急措施在内的土壤污染防治工作方案,明确残留污染物清理和安全处置措施,报县级生态环境部门、工业和信息化部门备案并技术评审。

(7)鼓励土壤污染重点监管单位因地制宜实施管道化、密闭化改造,重点区域防腐防

渗改造,物料、污水、废气管线架空建设和改造,从源头上防范土壤污染。

3. 环境风险防控

(1)完善平战结合、区域联动的环境应急监测体系,提升跨区域应急监测支援效能。加强跨区域流域应急物资储备,加快推进储备库建设,建立信息管理系统,健全多层级、网络化储备体系。建立健全跨市河流上下游突发水污染事件联防联控机制,加强部门应急联动,形成突发水环境应急处理处置合力。

(2)加强涉危险废物涉重金属企业、化工园区、集中式饮用水水源地及区域环境风险调查评估,实施分类分级风险管控。协同推进重点区域流域生态环境污染综合防治、风险防控与生态恢复。

(3)聚焦铅、汞、镉等重金属污染物,研究推进重金属全生命周期环境管理,深入推进重点河流湖库、饮用水水源地、农田等环境敏感区域周边涉重金属企业污染综合治理;实行危险化学品全过程监管,运用信息技术,加强对危险化学品生产、经营、贮存、运输、使用、处置的全过程监管,建立危险化学品全生命周期安全监管信息共享与追溯系统。加强新化学物质生态环境准入管理,防范新化学物质的生态环境风险。完成重点地区危险化学品生产企业搬迁改造,全面提升尚未搬迁企业安全风险防范能力,加强日常监管,确保环境安全事故零发生。禁止在国家湿地公园、大运河和黄河故道等重点区域、流域岸线 1 km 范围内布局新建重化工、纸浆制造、印染等存在环境风险的项目。鼓励现有工业项目、化工项目分别搬入高新技术开发区和化工园区。

(4)持续更新建设用地土壤污染风险管控和修复地块名录,严格准入管理。未依法完成土壤污染状况调查和风险评估的地块,不得开工建设与风险管控和修复无关的项目。加强建设用地规划、出让、转让、用途变更、收回、续期等环节监管,确保土壤环境保护相关政策要求得到落实。加强暂不开发利用污染地块生态管控,确需开发利用的,依法实施管控修复,优先规划用于拓展生态空间。对暂不开发利用的地块要制定土壤污染风险管控方案,划定管控区域,建立标识、发布公告,定期组织开展土壤环境监测。

4. 资源利用效率

(1)"十四五"期间,全市煤炭消费总量控制完成国家、省下达目标要求。全市能耗增量控制目标控制完成国家、省下达目标要求。

(2)2025 年,全市用水总量、万元生产总值用水量较 2020 年下降、万元工业增加值用水量较 2020 年下降等主要指标达到省定目标。严控地下水开发强度,压减地下水超采量。浅层地下水以其可开采量为约束条件,逐步压减开采量,实现采补平衡。深层地下水开采严格控制,原则上仅作为战略储备水源或应急水源,在特枯年或连续枯水年适量开采。

(3)以钢铁、焦化、铸造、建材、有色、石化、化工、工业涂装、包装印刷、电镀、制革、造纸、纺织印染、农副食品加工等行业为重点,开展全流程清洁化、循环化、低碳化改造。健全能源管理体系,支持企业建设能碳一体化智慧管控中心。推进涂装类、化工类等产业集群分类治理,开展重点行业清洁生产和工业废水资源化利用改造。

(4)实行严格的耕地保护制度和节约用地制度,强化土地资源开发利用管理,提高土地集约化利用程度和建设用地利用效率,内部挖潜解决新增建设用地问题。

（九）信阳市

1. 空间布局约束

（1）禁止在淮河流域新建化学制浆造纸、制革、化工、印染、电镀、酿造等污染严重的小型企业。新建工业项目应符合城市发展规划、国家产业政策、环境准入等要求。

（2）饮用水源地一级保护区内，禁止新建、扩建与取水设施和保护水源无关的建设项目；禁止向水域排放污水，已设置的排污口必须拆除；不得设置与供水需求无关的码头，禁止停靠船舶；禁止堆置和存放工业废渣、城市垃圾、粪便和其他废弃物；禁止设置油库；禁止从事种植、放养畜禽和网箱养殖活动；禁止可能污染水源的旅游活动和其他活动。饮用水源地二级保护区内，禁止新建、改建、扩建排放污染物的建设项目，原有排污口依法拆除或者关闭；禁止设立装卸垃圾、粪便、油类和有毒物品的港口。

（3）禁止下列破坏湿地及其生态功能的行为：①开（围）垦、排干自然湿地，永久性截断自然湿地水源；②擅自填埋自然湿地，擅自采砂、采矿、取土；③排放不符合水污染物排放标准的工业废水、生活污水及其他污染湿地的废水、污水，倾倒、堆放、丢弃、遗撒固体废物；④过度放牧或者滥采野生植物，过度捕捞或者灭绝式捕捞，过度施肥、投药、投放饵料等污染湿地的种植养殖行为；⑤其他破坏湿地及其生态功能的行为。

（4）严格新建露天开采矿山准入门槛，除省级重点开采区内的其他区域，严禁新建露天矿山。新建的露天矿山，必须采用绿色开采方式，集中连片规模化开采、不留死角整体开发。新建（改、扩建）矿山采选项目应符合生态保护红线、主体功能区划、环境功能区划、国家重点生态功能区产业准入负面清单等要求。禁止在依法划定的自然保护区、风景名胜区、饮用水水源保护区等重要生态保护地以及其他法律法规规定的禁采区域内建设矿山采选项目。

（5）基本农田保护区，风景名胜区的一级保护区，森林公园的核心景区，饮用水水源一级保护区，坡度大于25°的陡坡地、铁路和电力等基础设施廊道，规划预留的交通通道等地区禁止建设。

（6）严格限制两高项目盲目发展，严把"两高"项目生态环境准入关。新建、改建、扩建"两高"项目应符合生态环境保护法律法规和相关法定规划，满足重点污染物总量控制、碳排放达峰目标、相关规划环评和行业建设项目环境准入条件、环评审批原则要求。

（7）矿山开采规模必须与矿山所占有的矿产资源储量规模相适应。新建矿山（含采矿权申请办理中已批复矿区范围的）开采规模不得低于规划确定的相应资源储量规模的矿山最低开采规模。禁止新设年产规模低于100万t或者资源储量为小型的普通建筑石料矿山。

（8）禁止开采风化壳型超贫磁铁矿、可耕地砖瓦用黏土、风化壳型砂矿等矿产；严格控制产能过剩矿产新建矿山；优化勘查开发布局，强化规划引导，规范砂石黏土矿业开发，实现资源开发与生态环境保护的协调统一。

（9）全面淘汰退出达不到标准的落后产能和不达标企业。城市中心城区内人口密集区、环境脆弱敏感区周边的钢铁、水泥、冶炼、铸造、砖瓦、非金属矿物加工等行业中的高排放、高污染项目，应当限期搬迁、升级改造或者转型、退出。

（10）大力推广使用低VOCs含量涂料，在技术成熟的行业，推广使用低VOCs含量油

墨、胶黏剂和清洗剂。针对钢结构加工、机械设备制造行业,加快使用水性、高固份、粉末、辐射固化涂料等低 VOCs 含量的环保型涂料,限制使用溶剂型涂料。

2. 污染物排放管控

(1)"十四五"期间,环境空气质量持续改善,全市细颗粒物(PM2.5)平均浓度稳定控制在 35 μg/m³ 以内,城市空气质量优良天数比例达到 85%,实现二级达标城市创建;市域优良水体得到稳定保障,地表水国、省考断面水质达到或优于Ⅲ类比例达到 100%。

(2)围绕区域生态环境质量改善,实施污染物排放总量控制。

(3)低浓度有机废气或恶臭气体采用低温等离子体技术、UV 光催化氧化技术、活性炭吸附技术等两种或两种以上组合工艺,禁止使用单一吸附、催化氧化等处理技术。重污染天气预警管控期间,强化机动车尾气污染监管,加强城区易堵路段交通疏导,减少机动车怠速排放;加大入境柴油货车尾气检测力度,严禁过境柴油货车和尾气超标柴油货车入市;加大非道路移动机械管控,严禁使用冒黑烟等高排放非道路移动机械。严格落实城市规划区内建筑工地禁止现场搅拌混凝土、禁止现场配制砂浆"两个禁止"。强化餐饮油烟监管,加大对建成区餐饮油烟单位抽检力度,严格查处未安装、不正常使用油烟净化设施和排放不达标等违法违规行为;加强生活源污染防治,严查散煤燃烧,严禁露天树叶、垃圾、农作物秸秆焚烧、燃放烟花爆竹等。

(4)新建城镇污水处理厂排水全部达到或优于《城镇污水处理厂污染物排放标准》(GB 18918—2002)一级 A 排放标准。城镇污泥无害化处理率完成国家、省、市下达目标要求。加快发展"双替代"供暖,按照"宜气则气、宜电则电"的原则,实施电代煤,气代煤。

(5)持续开展传统产业改造升级,深入推进非电行业超低排放改造和工业炉窑升级和污染减排,加强 VOCs 全过程综合控制,推动工业企业稳定达标排放。

(6)加大运输结构调整力度,煤炭、矿石、钢材、建材、焦化、粮食、石油等大宗货物中长途运输以铁路、水路、管道方式为主,中短途货物运输优先考虑新能源货车运输或封闭式皮带廊道,城市货物运输优先采用新能源轻型物流车。

(7)控制农业源氨排放,加大科学施肥推广力度,以推广测土配方施肥、有机废弃物资源化利用等为主要手段,实现化肥使用量负增长。推广应用低蛋白饲料,控制规模化养殖场的氨气排放,加大畜禽粪污综合利用力度,粪污处理设施建设配套率达到 95%,畜禽粪便综合利用率达到 90%,基本实现规模养殖场粪污处理"零排放"。严禁垃圾露天焚烧,加强秸秆禁烧与综合利用工作。测土配方施肥技术推广覆盖率提高到 90% 以上,全面提高废弃农膜回收利用效率。

3. 环境风险防控

(1)开展饮用水水源规范化建设和饮用水水源地环境状况排查评估以及风险预警,强化对水源保护区管线穿越、交通运输等风险源的风险管理,依法清理饮用水水源保护区内违法建筑和排污口。

(2)防范跨界水污染风险,建立上下游水污染防治联动协作机制和水污染事件应急处置联动机制。

(3)用途变更为住宅、公共管理与公共服务用地的地块,以及腾退工矿企业用地为重点,依法开展土壤污染状况调查和风险评估;优先对重点行业企业用地调查查明的潜在

高风险地块,开展进一步调查和风险评估。

(4)鼓励土壤污染重点监管单位因地制宜实施管道化、密闭化改造,重点区域防腐防渗改造,物料、污水、废气管线架空建设和改造,从源头上防范土壤污染。

(5)全市土壤环境质量总体保持稳定,土壤环境风险得到管控,土壤污染防治体系基本完善;土壤安全利用进一步巩固提升,受污染耕地安全利用率力争实现95%;污染地块安全利用率力争实现100%;重点建设用地安全利用率达到95%。

4.资源利用效率

(1)"十四五"期间,全市能源消费总量、能耗强度控制完成国家、省、市下达目标要求。

(2)"十四五"期间,全市年用水总量控制完成国家、省、市下达目标要求。通过再生水管网建设,实现再生水向电厂、道路广场绿化浇洒及部分水质要求较低的工业用户供水。

(3)到2025年,全市耕地保有量不少于767084.04公顷,永久基本农田保护面积不少于693533.12公顷。实行严格的耕地保护制度和节约用地制度,提高土地资源利用效率,提高土地集约化利用程度和建设用地利用效率,内部挖潜解决新增建设用地问题。

(十)周口市

1.空间布局约束

(1)严格落实国家和河南省"两高"项目相关要求,严格执行有关行业产能置换政策,被置换产能及其配套设施关停后,新建项目方可投产。

(2)饮用水源地一级保护区内,禁止新建、扩建与取水设施和保护水源无关的建设项目,全面退出饮用水水源一级保护区内已建成的与供水设施和保护水源无关的建设项目;饮用水源地二级保护区内,禁止新建、改建、扩建排放污染物的建设项目。

(3)基本农田保护区严禁安排城、镇、村建设用地和未列入可占用增划基本农田项目清单的其他非农建设用地。禁止使用基本农田建房、建窑、建坟、挖砂、采矿、取土、堆放固体废弃物或者进行其他破坏基本农田的活动,严禁占用基本农田发展林果业。

(4)在禁燃区内,禁止销售、燃用高污染燃料;禁止新建、扩建燃用高污染燃料的设施(集中供热、电厂锅炉除外),已建成的,应当在周口市及各县(市、区)人民政府规定的期限内改用天然气、页岩气、液化石油气、电或者其他清洁能源。

(5)严格落实园区规划环评及批复文件要求,规划调整修编时应同步开展规划环评,调整结果以经过审批的规划及规划环评要求为准。建设项目入驻要符合园区产业定位和产业布局。

(6)新建、改建、扩建"两高"项目须符合生态环境保护法律法规和相关法定规划,满足重点污染物排放总量控制、碳排放达峰目标、生态环境准入清单、相关规划环评和相应行业建设项目环境准入条件、环评文件审批原则要求。

(7)实施重污染企业退城搬迁,加快城市建成区、人群密集区、重点流域的重污染企业和危险化学品等环境风险大的企业搬迁改造、关停退出。

2.污染物排放管控

(1)新、改、扩建项目主要污染物排放要求应满足当地总量减排要求。

(2)新建"两高"项目应按照《关于加强重点行业建设项目区域削减措施监督管理的通知》要求,依据区域环境质量改善目标,制定配套区域污染物削减方案,采取有效的污

染物区域削减措施,腾出足够的环境容量。国家大气污染防治重点区域(以下称重点区域)内新建耗煤项目还应严格按规定采取煤炭消费减量替代措施,不得使用高污染燃料作为煤炭减量替代措施。

(3)已出台超低排放要求的"两高"行业建设项目应满足超低排放要求。

(4)加强VOCs全过程综合管控。严格VOCs产品准入和监控,推进重点行业VOCs污染物全过程综合整治。按照"可替尽替应代尽代"的原则,全面推进使用低VOCs含量涂料、油墨、胶黏剂、清洗剂等。建立低VOCs含量产品标识制度和源头替代制度,加大抽检力度。加强工业涂装、包装印刷、家具制造等重点行业建立完善源头、过程和末端的VOCs全过程控制体系,实施VOCs排放总量控制。

(5)新、改、扩建城镇污水处理厂全部达到或优于一级A排放标准。

3.环境风险防控

(1)开展饮用水水源规范化建设和饮用水水源地环境状况排查评估以及风险预警,强化对水源保护区管线穿越、交通运输等风险源的风险管理,依法清理饮用水水源保护区内违法建筑和排污口。

(2)防范跨界水污染风险,建立上下游水污染防治联动协作机制和水污染事件应急处置联动机制。

4.资源利用效率

(1)2025年,全市能源消费总量合理增长,能源消费强度与省定"十四五"规划目标统筹衔接,全市单位生产总值能源消耗比2020年下降16%以上,化学需氧量、氨氮、氮氧化物、挥发性有机物等重点工程减排量分别达到2.3138万t、0.0758万t、0.8045万t、0.2752万t。节能减排政策机制更加健全,重点行业能源利用效率和主要污染物排放控制水平基本达到国内先进水平,经济社会绿色低碳转型发展取得显著成效。

(2)2025年,全市用水总量控制在20.370亿 m^3 以内,万元生产总值用水量降至50 m^3,万元工业增加值用水量降至18.2 m^3,农田灌溉水有效利用系数提高到0.661。

(3)2025年,全市耕地保有量不得低于830143.0475公顷,永久基本农田保护面积不低于746059.7614公顷;生态保护红线面积不低于3733.17公顷;每万元国内生产总值建设用地使用面积下降25%。

(十一)驻马店市

1.空间布局约束

(1)禁止新建、扩建单纯新增产能的水泥、平板玻璃、传统煤化工(甲醇、合成氨)、砖瓦窑等产能过剩行业;坚决遏制"两高"项目盲目发展,严格分类处置,落实产能置换、煤炭消费减量替代和污染物排放区域削减等要求,对不符合规定的项目坚决停批停建;禁止耐火材料、陶瓷等行业新建、扩建以煤炭为燃料的项目和企业;禁止新建燃料类煤气发生炉和35蒸吨/时及以下燃煤锅炉。

(2)禁止在城市建成区从事露天喷漆、喷涂、喷砂、制作玻璃钢以及其他散发有毒有害气体的作业。禁止现场搅拌混凝土、配置砂浆,预拌混凝土、砂浆供应的特种或者少量的混凝土、砂浆除外,但应当采取防尘措施;禁止采用干式方法切割各类瓷砖、石板材等装饰块件;气象预报风速达到四级以上时,禁止土石方作业、建筑物拆除施工以及其他可

能产生扬尘污染的施工。

（3）在重点保护名录山体范围内,禁止从事下列行为:①采石、采矿、挖砂、取土;②新建、扩建公墓;③新建风力发电项目;④新建、改建或者扩建宾馆、招待所、培训中心、疗养院、商品住宅以及与山体保护无关的其他建筑;⑤建设工业固体废物和危险废物集中贮存、处置的设施、场所和生活垃圾填埋场;⑥倾倒、堆放生活垃圾或者建筑垃圾;⑦倾倒、堆放、填埋废石、矿渣等固体废物和危险废物;⑧毁林开垦、滥伐林木。

（4）地质灾害高易发区、河流湖泊区、高程大于 250 m 或坡度大于 25% 的区域禁止建设。

（5）禁止开采风化壳型超贫磁铁矿、石煤、可耕地砖瓦用黏土、风化壳型砂矿等矿产。

（6）禁止新设年产规模低于 100 万 t 或者资源储量为小型的普通建筑石料矿山,禁止新设年产规模低于 10 万 m³ 或者资源储量为小型的饰面用石材矿山。

（7）禁止在国土空间规划中的各类禁采区中新建矿山,严禁在各类自然保护地及生态保护红线区内新建露天开采矿山;其他区域严格控制新建露天开采矿山数量,必须采用绿色开采方式,集中连片规模化开采,不留死角整体开采。

（8）湿地保护区范围内禁止:①开(围)垦、排干自然湿地,永久性截断自然湿地水源;②擅自填埋自然湿地,擅自采砂、采矿、取土;③排放不符合水污染物排放标准的工业废水、生活污水及其他污染湿地的废水、污水,倾倒、堆放、丢弃、遗撒固体废物;④过度放牧或者滥采野生植物,过度捕捞或者灭绝式捕捞,过度施肥、投药、投放饵料等污染湿地的种植养殖行为;⑤其他破坏湿地及其生态功能的行为。

（9）禁止在饮用水水源一级保护区内新建、改建、扩建与供水设施和保护水源无关的建设项目;禁止在饮用水水源二级保护区内新建、改建、扩建排放污染物的项目;禁止在饮用水水源准保护区内新建、扩建对水体污染严重的建设项目。

（10）坚持优矿优用,控制水泥用灰岩开发强度,严格限制水泥用灰岩用作普通建筑石料。

（11）矿产资源开发建设项目规模等应符合《驻马店市矿产资源总体规划（2021—2025 年）》要求。

（12）严格执行新建矿山最低开采规模要求,矿山开采规模必须与矿山所占有的矿产资源储量规模相适应,引导矿山企业规模化开采、集约化经营,制定和完善重点矿种矿山最低开采规模。加大技术落后、资源浪费和环境污染严重的小型矿山关闭力度,引导矿山企业实施兼并重组,优化调整矿山规模结构,推进大型矿业集团建设,培育产业集群,提高集约化、规模化开采水平。

（13）严格控制露天矿山矿业权审批,生态保护红线内的区域,新建露天矿山项目不予核准或备案,不予审批环境影响评价报告,已设露天矿山全面退出。

（14）全面清理产能过剩行业违规在建项目,对未批先建、边批边建的违规项目,尚未开工建设的不准开工,正在建设的停止建设。全面出清达不到标准的落后产能和不达标企业。

2. 污染物排放管控

（1）新、改、扩建设项目主要污染物排放要满足当地总量减排要求。

（2）"十四五"期间,全市地表水质量达到或优于Ⅲ类水质断面比例大幅提升,完成省

定目标要求;劣 V 类水体全面消除;县级以上集中式饮用水水源地取水口水质达标率均达到 100%;地下水质量考核点位水质级别保持稳定。确保完成省水质考核目标。中心城区全面消除黑臭水体。全市 PM2.5、PM10 年均浓度持续改善,环境空气质量完成国家、省、市下达目标要求。

(3)开展污水管网建设和雨污管网改造。对进水生化需氧量浓度低于 100 mg/L 的污水处理厂收水范围开展管网排查,实施管网混错接改造、破损修复。探索开展污水处理智能调配,推进污水处理厂中水回用设施建设,探索开展初期雨水收集处理设施建设,推进平舆县、新蔡县等污水处理厂尾水人工湿地建设。加快推进城镇污水处理厂污泥无害化处理处置和资源化利用。

(4)加强农村环境综合整治,加快河湖综合治理与水生态修复,提高水功能区全指标达标率。

(5)大力发展清洁能源、严控煤炭消费增长,实施工业炉窑清洁能源替代;强化工业企业污染治理,开展传统产业集群升级改造,加快淘汰低效产能;大量推广新能源汽车,加快"公转铁""公转水"。

(6)严格落实扬尘治理措施,全面提升扬尘污染治理水平。

(7)推进水泥、铸造、砖瓦窑等重点行业氮氧化物等污染物深度治理,推进重点行业绿色化改造,加强 VOCs 全过程综合管控,加强扬尘精细化管控,强化恶臭污染防治。

(8)推进养殖业、种植业大气氨减排,优化饲料、化肥结构。

3. 环境风险防控

(1)开展饮用水水源规范化建设和饮用水水源地环境状况排查评估以及风险预警,强化对水源保护区管线穿越、交通运输等风险源的风险管理,依法清理饮用水水源保护区内违法建筑和排污口。

(2)防范跨界水污染风险,建立上下游水污染防治联动协作机制和水污染事件应急处置联动机制。

(3)未依法完成土壤污染状况调查和风险评估及未达到风险管控和修复目标的地块,不得开工建设与风险管控和修复无关的项目。以土地用途变更为住宅、公共管理与公共服务用地的污染地块为重点,严格落实风险管控和修复。

4. 资源利用效率

(1)"十四五"期间,全市年用水总量控制完成国家、省、市下达目标要求。通过再生水管网建设,实现再生水向电厂、道路广场绿化浇洒及部分水质要求较低的工业用户供水。

(2)按照合理有序使用地表水、控制使用地下水、积极利用非常规水的要求,做好区域水资源统筹调配工作,逐步降低市内淮河流域洪河、汝河过度开发河流和区域的水资源开发利用强度,退减被挤占的生态用水。

(3)"十四五"期间,全市煤炭消费总量控制完成国家、省、市下达目标要求。全市能耗增量控制目标控制完成国家、省、市下达目标要求。

(4)严格按照国家和省关于耕地保护和永久基本农田核实整改补足相关要求,把耕地保有量目标和永久基本农田保护目标任务足额逐级分解,细化落实到具体的图斑,层层签订耕地保护目标责任书。保证全市耕地数量稳定在省级下达目标以上,永久基本农

田保护面积不低于省级下达目标,为粮食安全生产提供用地保障。

三、管控单元管控要求

河南省淮河流域重点管控单元管控要求较多,本节主要列出淮河流域钢铁、化工、印染、电镀等重点行业涉及重点管控单元的管控要求。详见表4-2。

表4-2　河南省淮河流域部分重点管控单元管控要求一览表

序号	管控单元编码	管控单元名称	空间布局约束	污染物排放管控	环境风险防控	资源利用效率
1	ZH410481 20001	舞钢经济技术开发区	①钢铁、纺织等高用水行业应采用先进水循环技术,并实行重点行业的用水定额管理制度。 ②禁止不符合园区规划及规划环评的项目入驻;新建、改建、扩建"两高"项目须符合生态环境保护法律法规和相关法定规划,满足重点污染物排放总量控制、碳排放达峰目标、生态环境准入清单、相关规划环评和相应行业建设项目环境准入条件、环评文件审批原则要求。 ③在禁燃区内,禁止销售、燃用高污染燃料;禁止新建、扩建燃用高污染燃料的设施,现有使用高污染燃料的单位和个人,应当按照市、县(市)人民政府规定的期限改用清洁能源或拆除使用高污染燃料的设施(高污染燃料不含集中供热、热电联产以及工业企业生产工艺必须使用的煤炭及其制品)	①入区企业因生产工艺要求,需要自建导热油炉或焙烧时,必须使用清洁的燃料。钢铁企业生产用清洁能源(如天然气)替代含硫量较高的重油和发生炉煤气。 ②新建"两高"项目应按照《关于加强重点行业建设项目区域削减措施监督管理的通知》要求,依据区域环境质量改善目标,制定配套区域污染物削减方案,采取有效的污染物区域削减措施,腾出足够的环境容量。 ③新建耗煤项目应严格按规定采取煤炭消费减量替代措施。 ④钢铁等行业建设项目应满足超低排放要求。 ⑤新建、改建、扩建重点行业重金属污染物排放项目需满足重金属排放"减量替代"要求,否则禁止入驻;含重点控制重金属污染物铅、汞、铬、镉和类金属砷的电镀废水不能实现零排放的电镀企业,禁止入驻。 ⑥大力推进低(无)VOCs含量或低反应活性的原辅材料替代,采用符合国家有关低VOCs含量产品规定的涂料、油墨、胶黏剂、清洗剂等,推进先进工艺技术和设备改良,从源头控制VOCs的排放	建立事故风险防范和应急处置体系。加强园区环境安全管理工作,制定风险防范预案,杜绝发生污染事故	①加强水资源集约利用,进一步控制水资源消耗。严格水全过程管理,推进区域再生水循环利用,加强企业内部工业用水循环利用。 ②积极发展可再生能源,持续扩大可再生能源开发利用规模,严控煤炭消耗总量,严格落实能源消费总量和强度"双控"制度

续表 4-2

序号	管控单元编码	管控单元名称	空间布局约束	污染物排放管控	环境风险防控	资源利用效率
2	ZH41020520001	开封精细化工开发区	①鼓励发展精细化工、化工新材料、医药制造等主导产业，在符合石化和化工相关产业政策、采取绿色化工制造技术、使用先进的清洁生产工艺、落实安全生产、节能环保的基础上，发展氯碱下游精深加工项目。②严格执行《河南省承接化工产业转移"禁限控"目录》，限制相关项目入驻。③禁止入驻《产业结构调整指导目录》淘汰的高毒农药、涂料产品等项目。④新建、改建、扩建"两高"项目应符合生态环境保护法律法规和相关法定规划，满足重点污染物总量控制、碳排放达峰目标、相关规划环评和行业建设项目环境准入条件、环评文件审批原则要求。⑤入驻项目应符合园区规划及规划环评的要求	①开发区扩区、调整要同步规划、建设雨水、污水、垃圾集中收集等设施。②化工园区应按照分类收集、分质处理的要求，配备专业化工生产废水集中处理设施(独立建设或依托骨干企业)及专管或明管输送的配套管网，园区内废水做到应纳尽纳、集中处理和达标排放。开发区内排入集中污水处理厂的企业废水应执行相关行业排放标准，无行业排放标准的应符合集中处理设施的接纳标准。开发区集中污水处理厂尾水排放必须达到或优于《城镇污水处理厂污染物排放标准》(GB 18918—2002)—级 A 标准。③重点行业二氧化硫、氮氧化物、颗粒物、VOCs 全面执行大气污染物特别排放限值。④新建涉高 VOCs 排放的化工、包装印刷、工业涂装等行业企业实行区域内 VOCs 排放等量或倍量削减替代。新建、改建、扩建涉 VOCs 排放项目应加强废气收集，安装高效治理设施。建设生产和使用高 VOCs 含量的溶剂型涂料、油墨、胶黏剂等项目废气做到应收尽收，安装高效治理设施，并进行重点监管。⑤加强对废气尤其是有毒及恶臭气体的收集和处置，严格控制挥发性有机物(VOCs)排放。具备对所产生危险废物全部收集的能力，根据园区危险废物产生情况和所在区域危险废物利用处置能力统筹配建危险废物利用处置能力。⑥新改扩建设项目主要污染物排放应满足总量减排要求。	①园区管理部门应制定完善的事故风险应急预案，建立风险防范体系，具备事故应急能力，并定期进行演练。园区建立危险性物质动态管理信息库、重点风险源动态管理信息库、环境风险救援力量管理信息库等预防手段，加强风险源管理。②园区设置相关企业的事故应急池，并与各企业应急设施建立关联，组成联动风险防范体系，加快环境风险监测预警体系建设，建立行政区、园区、企业上下联动的应急响应体系，实行联防联控。③生产、储存、运输和使用危险化学品的企业及其他可能发生突发环境事件的污染排放企业，	①企业应不断提高资源能源利用效率，新、改、扩建建设项目的清洁生产水平应达到国内先进水平。②加强水资源开发利用效率，提高再生水利用率。③加快实现园区内生产生活集中供水，逐步取缔企业自备地下水井

续表 4-2

序号	管控单元编码	管控单元名称	空间布局约束	污染物排放管控	环境风险防控	资源利用效率
				⑦加快推进大宗物料运输实现公转铁,减少公路运输车辆使用频次。 ⑧新建"两高"项目应按照《关于加强重点行业建设项目区域削减措施监督管理的通知》要求,依据区域环境质量改善目标,制定配套区域污染物削减方案,采取有效的污染物区域削减措施,腾出足够的环境容量。 ⑨新建耗煤项目还应严格按规定采取煤炭消费减量替代措施,不得使用高污染燃料作为煤炭减量替代措施。 ⑩已出台超低排放要求的"两高"行业建设项目应满足超低排放要求	制定环境风险应急预案,配备必要的应急设施和应急物资,并定期进行应急演练。 ④涉重金属及危险化学品生产、储存、使用等企业在拆除生产设施设备、污染治理设施时,要事先制定残留污染物清理和安全处置方案。 ⑤园区应严格管控运输安全风险,实现专用道路、专用车道、限时限速行驶,并根据需要配套建设危险化学品车辆专用停车场,防止安全风险积聚	
3	ZH41162320002	商水经济技术开发区	①严格落实国家和河南省"两高"项目相关要求,严格执行有关行业产能置换政策,被置换产能及其配套设施关停后,新建项目方可投产。 ②入驻项目应符合园区规划或规划环评的要求。严格落实规划环评及批复文件要求,规划调整修编时应同步开展规划环评,调整结果以经过审批的规划及规划环评要求为准。 ③居住用地与工业用地之间应设置合理的防护距离,居住用地周边限制布局潜在污染扰民和环境风险突出的建设项目。	①开发区内废水实现全收集、全处理,在不具备接入污水管网的区域,禁止入驻涉及废水排放的企业。配备污水处理厂、垃圾集中处理厂等设施。污水集中处理设施安装自动在线监控装置。污水处理厂尾水达到或优于《城镇污水处理厂污染物排放标准》(GB 18918—2002)一级 A 标准。具备条件的污水处理厂需建设尾水人工湿地。 ②建设印染项目必须满足周口市印染行业规划布点染	①建立健全环境风险防控体系,制定环境风险应急预案,建设突发事件应急物资储备库,成立应急组织机构。 ②开发区污水集中处理设施应合理设置事故水池,防范印	①开发区污水处理厂建设再生水回用配套设施,提高再生水利用率。 ②逐步关停自备水井。 ③严格地下水管理,加强取水许可和计划用水管理,严格实行产业准入制度,严格控制新建、扩建、改建高耗水项目

续表 4-2

序号	管控单元编码	管控单元名称	空间布局约束	污染物排放管控	环境风险防控	资源利用效率
			④新建、改建、扩建"两高"项目须符合生态环境保护法律法规和相关法定规划,满足重点污染物排放总量控制、碳排放达峰目标、生态环境准入清单、相关规划环评和相应行业建设项目环境准入条件、环评文件审批原则要求	要求项目工艺技术装备及污染治理水平应达到同行业国内领先水平,否则禁止入驻。③涉气企业加强废气收集、处理,外排废气要达到国家或地方排放标准,二氧化硫、氮氧化物、颗粒物、VOCs全面执行大气污染物特别排放限值。新、改、扩建设项目主要污染物排放应满足总量减排要求。涉水企业加强废水收集、处理,外排废水要达到国家或地方排放标准。④新建"两高"项目应按照《关于加强重点行业建设项目区域削减措施监督管理的通知》要求,依据区域环境质量改善目标,制定配套区域污染物削减方案,采取有效的污染物区域削减措施,腾出足够的环境容量。⑤新、改、扩建项目主要污染物排放应满足总量减排要求。新建耗煤项目还应严格按规定采取煤炭消费减量替代措施,不得使用高污染燃料作为煤炭减量替代措施。⑥已出台超低排放要求的"两高"行业建设项目应满足超低排放要求	废水事故性排放;在相关污水处理设施建成前,禁止入驻印染项目,按照环境应急预案管理要求,相应企业应编制环境应急预案及备案。③项目环境风险半致死浓度范围内涉及未搬迁村庄等环境敏感点的项目,禁止入驻;项目环境风险防范措施未严格按照环境影响评价文件要求落实的,应停产整改	

续表4-2

序号	管控单元编码	管控单元名称	空间布局约束	污染物排放管控	环境风险防控	资源利用效率
4	ZH41142520001	虞城高新技术产业开发区	①禁止不符合规划或规划环评要求的项目入驻。禁止新增集中电镀中心(园区已有1个集中电镀中心)。 ②严格落实规划环评及审查意见要求,规划调整修编时应同步开展规划环评。 ③新建"两高"项目应符合生态环境保护法律法规和相关法定规划,满足重点污染物总量控制、相关规划环评和行业建设项目环境准入条件、环评审批原则等要求。 ④园区规划范围调整后,原位于园区内属于服装制造的项目,允许其"退城入园"进入新一轮规划的产业园区内发展且允许其向下游发展延伸产业链,提高产品附加值,但禁止含印染工艺的项目"退城入园"。 ⑤园区内现有的符合主导产业的项目鼓励向下游拓展完善产业链,可适度向上游发展完善原料补链项目。可适当发展与园区主导产业相近或污染较轻、且与园区环境相容的项目入园发展。 ⑥鼓励符合园区主导产业及主导产业链下游的项目入驻,合理拉长延伸产业发展链条、提升终端产品附加值;允许为园区主导产业服务的直接配套产品项目入园;允许符合园区循环经济发展产业链上的上、下游补链项目入驻。 ⑦鼓励装备制造产业重点以延链补链强链为主,推动五金工量具产品向智能全自动升级换代,推动装备制造业向高端装备制造方向拓展。鼓励医药制造产业重点向医用耗材、生物制品、中药饮片、医疗服务、医药商业等领域拓展	①区域环境空气、地表水环境质量不能满足环境功能区划标准时,重点行业建设项目主要污染物实行区域削减。 ②在禁燃区内,禁止销售、燃用高污染燃料;禁止新建、扩建燃用高污染燃料的设施(除集中供热、热电联产、电厂锅炉燃煤、集中供热用洁净煤生产以及工业企业生产工艺必须使用的煤炭及其制品外)。禁止涉重企业含重金属废水进入城市生活污水处理厂。园区集中供热工程建成投入运行后,原则上禁止企业新建备用燃气锅炉(集中供热能力不能满足需求时除外),在用的燃气锅炉转为备用。 ③加快城市建成区的重点污染企业退城搬迁。强化企业搬迁改造安全环保管理,加强腾退土地用途管制、土壤污染风险管控和修复。 ④新建"两高"项目应按照《关于加强重点行业建设项目区域削减措施监督管理的通知》要求,依据区域环境质量改善目标,制定配套区域污染物削减方案,采取有效的污染物区域削减措施,腾出足够的环境容量。新建耗煤项目还应严格按规定采取煤炭消费减量替代措施,不得使用高污染燃料作为煤炭减量替代措施。已出台超低排放要求的"两高"行业建设项目应满足超低排放要求。 ⑤涉重金属重点行业建设项目应遵循重点重金属污染物排放"减量替代"。	①制定环境风险应急预案,落实环境风险防范及应急措施,强化环境风险防范及应急处置能力,建立"企业-园区-政府"三级环境风险应急联动机制。 ②有色金属冶炼、铅酸蓄电池、石油加工、化工、电镀、制革和危险化学品生产、储存、使用等企业在拆除生产设施设备、污染治理设施时,要事先制定残留污染物清理和安全处置方案。 ③按照土壤环境调查相关技术规定,对垃圾填埋及涉重金属企业周边土壤环境状况进行调查评估。 ④危险废物应有安全可行的处理处置措施,不得随意弃置,危险废物严格按照有关规定收集、贮存、转运、处置,确保100%安全处置	①企业应不断提高资源能源利用效率,新改扩建建设项目的清洁生产水平应达到国内先进水平。 ②推广节水工艺和技术,推进工业节水改造。加强高耗水行业节水改造、废水深度处理和达标再利用,实现节水增效。升级改造工业园区,鼓励企业串联用水、分质用水、一水多用、循环利用

续表4-2

序号	管控单元编码	管控单元名称	空间布局约束	污染物排放管控	环境风险防控	资源利用效率
				⑥强化VOCs管控治理。大力推动低(无)VOCs原辅材料生产和替代,将全面使用符合国家要求的低VOCs含量原辅材料的企业纳入正面清单和政府绿色采购清单。通过使用水性、粉末、高固体分、无溶剂、辐射固化等低VOCs含量的涂料,水性、辐射固化、植物基等低VOCs含量的油墨,水基、热熔、无溶剂、辐射固化、改性、生物降解等低VOCs含量的胶黏剂,以及低VOCs含量、低反应活性的清洗剂等,替代溶剂型涂料、油墨、胶黏剂、清洗剂等,从源头减少VOCs产生。 ⑦开发区内企业废水实现全收集、全处理。排入集聚区集中污水处理厂的企业废水应执行国家、我省行业间接排放标准并符合污水处理厂的收水要求。集中污水处理厂扩建工程设计出水水质达到《城镇污水处理厂污染物排放标准》(GB 18918—2002)一级A标准		

第三节 淮河流域生态环境分区管控实施成效及存在的问题

一、实施成效

(一)优化生态环境保护空间格局

生态环境分区管控衔接国土空间规划分区和用途管制要求,协同推进空间保护和开发格局的优化,建立全域覆盖、分类管理的生态环境分区管控体系。各地国土空间总体规划编制过程中,规划内容与生态环境分区管控成果高度衔接,将生态环境分区管控成果中的生态、水、大气、土壤、资源利用等红线、底线和上线的要求贯彻落实到国土空间规

划编制和管理中,充分体现生态环境分区管控成果的延续性,推动生态环境共治共管,合力保护重要生态空间,共同构筑区域生态基底。

(二)服务高质量发展

生态环境分区管控在政策制定、园区管理等方面应用,从源头上预防环境污染,从布局上降低环境风险。在"十四五"生态环境保护和生态经济发展规划、"十四五"水生态环境保护规划等文件中,均对生态环境分区管控的落实提出了相应要求,从源头预防环境污染和生态破坏。在规划环评报告中均明确提出了具体衔接"三线一单"分区管控成果的要求,在布局相关产业时,从空间约束方面提出要求,源头降低环境风险。2021年河南宝丰电镀中心产业园、2022年新建平顶山至漯河至周口高速铁路、河南鲁山抽水蓄能电站等重大项目推进选址及环评报告书编制中,均结合了项目所在地"三线一单"要求,对项目建设提出了相应的污染防治要求,服务于当地经济与环境的高质量发展。

(三)推进高水平保护

生态环境分区管控发挥在生态环境源头预防制度体系中的基础性作用,近两年审批的规划环评中,以落实生态环境分区管控要求为重点,论证规划的环境合理性并提出优化调整建议,结合产业园存在的主要环境问题及后续发展存在的主要制约因素,从空间布局约束、污染物排放管控、环境风险防范、资源能源利用等方面提出生态环境管控要求和生态环境准入清单。全面按照生态环境分区管控要求,严守审批原则,严格企业环境准入,在源头阶段对项目进行有效管控,控制建设项目污染排放。

(四)协同推动减污降碳

生态环境分区管控充分发挥对重点行业、重点区域的环境准入约束作用,提高协同减污降碳能力。生态环境分区管控要求中,对重点管控区域限期改用清洁能源或拆除使用高污染燃料的设施、采用清洁能源等提出要求,优化产业结构与能源结构调整,深化生态环境分区管控中协同减污降碳要求。

(五)强化"两高"行业源头管控

生态环境分区管控在"两高"行业产业布局和结构调整、重大项目选址中有重要的应用,在可能涉及"两高"项目的管控单元,制定"两高"行业落实区域空间布局、污染物排放、环境风险防控、资源利用效率等管控要求,从源头加强对"两高"行业的管控。

(六)服务环境管理

全省各级建设项目和规划环评审批中均要求对照区域"三线一单"分区管控成果以及各管控单元的具体要求,不符合的项目坚决不予审批。

二、存在的问题

(一)有一定的局限性和被动性

生态环境分区管控是对现有各类成果的集成,分区管控要求主要是以衔接已有管理要求为主,面对一些保护和发展之间的深层次矛盾和战略性问题,囿于既有管理要求的条条框框,难以提出新的解决办法,一旦相关依据条文发生变化,相应的生态环境准入清

单只能被动调整。

(二)缺乏量化要求

现行管控要求以定性描述为主,缺乏定量要求,难以有效支撑综合决策。如在生态环境准入清单重点管控单元管控要求中允许排放量等相关要求并未体现,这很大程度限制了生态环境分区管控在污染源管理领域的应用。

(三)存在较大的完善空间

《中共中央办公厅、国务院办公厅关于加强生态环境分区管控的意见》(中办发〔2024〕22 号)《中共河南省委办公厅　河南省人民政府办公厅关于加强生态环境分区管控的实施意见》(豫办〔2025〕4 号)印发实施,对加强生态环境分区管控工作提出了新的任务和更高的要求,但生态环境分区管控相关标准规范体系仍需进一步完善。

(四)缺乏部门联动机制

目前,生态环境分区管控实际管理应用中,主要仍以生态环境部门推动为主,其他相关部门协调联动还需进一步加强,常态化的工作推进机制仍需进一步完善。

(五)平台数据更新滞后

生态环境分区管控信息平台数据更新滞后,数据传输到平台,经整理、审核等流程,环节烦琐,耗时较长,致使数据更新周期长;同时,生态环境分区管控系统与其他业务系统尚未建立常态化的数据共享与业务协作机制。

(六)宣传不到位

生态环境分区管控宣传方式较为单一,覆盖面不够广泛,公众缺少了解渠道;典型应用案例挖掘较少,各地在分区管控运用工作中,注重应用,宣传介绍经验较少。

第五章

淮河流域典型区域——河南(周口)绿色印染示范产业园水环境分区管控优化策略研究

第一节 河南(周口)绿色印染示范产业园概况

一、园区位置

河南(周口)绿色印染产业园位于河南省周口市商水经济技术开发区,园区规划面积278.60公顷,分为南北两个区块,其中南区位于护城河以西、章华台路以南、顺河路以东、城巴路以北,占地面积192.56公顷;北区位于章华台路以北、兴商大道以南、规划五路以西、工港大道以东,占地面积86.04公顷。规划设置科技创新区、技术推广区、染整区、印花区、仓储物流区、生活配套区等功能区。

河南(周口)绿色印染产业园位置示意图

二、园区现状

(一)用地现状

目前,园区南区已入驻河南盛泰针织有限公司、河南润融纺织产业运营管理有限公司和红绿蓝纺织有限公司3家国内知名印染企业。南区除去三个项目用地外,其余地块基本上是张楼村、小李庄、大李庄、董欢村、后小魏庄的住宅,可直接利用土地较少。

园区北区目前尚未引进项目,土地均可利用。

园区用地现状图

(二)基础设施现状

1.供热

用热方面,园区发展45亿~50亿m印染产能需要蒸汽量约1170 t/h。商水经济技术开发区内周口隆达发电有限公司和静脉产业园生活垃圾焚烧发电厂可为园区供热。其中,周口隆达发电有限公司拥有2×660 MW超超临界机组,采用2台2060 t/h的超超临界锅炉。周口隆达发电有限公司承担着城区冬季供暖,城区供暖采用于发电后的中低压蒸汽,城区供暖不影响工业供热能力,现状对外供工业供汽量为10 t/h。根据周口隆达发电有限公司提供材料,机组现有的条件下,经中压调门改造后,单机供热能力为250 t/h,总供热能力为500 t/h;如果对机组高、中压缸的通流部分和中压调门进行改造,两台机组最高可达到1000 t/h的供热能力。生活垃圾焚烧发电厂可供蒸汽量为118.8 t/h。综上,区域可供印染产业园区的最大蒸汽量为1118.8t/h,基本可满足布局45亿~50亿m印染产能的蒸汽需求。

2.供气

目前,商水县在用的城市管输燃气气源来自西气东输一线"周口—商水"输气管道,"周口—商水"输气管道2005年开建,2006年投产,管线接自周口市域门站,线路全长16.7 km,设计压力1.6 MPa,管径φ159 mm。

作为管道燃气的补充气源,商水县目前在用的城市燃气气源还有液化石油气(LPG),LPG主要以瓶装形式,用于城市燃气管网未覆盖区域的居民和商业用户燃料气源。

现有天然气接收门站一座,位于纬三路和省道S213交会处西南角,处于现状城区边缘,占地面积3397 m²,设计年供气规模1800万 m³。

3.供水

商水经济技术开发区目前采用第一水厂、第二水厂和沙南污水处理厂中水回用水以及沙河地表水。

(1)市政供水

目前,商水经济技术开发区建成区用水由商水县第一水厂和第二水厂提供。第一水厂和第二水厂的水源主要为地下水和南水北调水。

商水县第一水厂位于章华台路中段,设计供水能力为2万 m³/d,水源为地下水。商水县第二水厂位于纬三路和S213省道交叉口东南角,设计供水能力为3万 m³/d,占地36亩,水源为地下水和南水北调水。

(2)中水

目前可以利用中水的污水处理厂为周口市沙南污水处理厂、商水县污水处理厂。

周口市沙南污水处理厂污水处理能力为17万 m³/d(一期规模7万 m³/d,二期规模5万 m³/d,三期规模5万 m³/d),其中2.8万 m³/d中水服务对象为周口隆达发电有限公司2×600M超超临界(上大压小)燃煤机组扩建工程。

商水县污水处理厂是按照处理生活污水和工业废水的综合水质进行设计并建设的,采用改良型卡鲁赛尔氧化沟工艺,承担着商水县产业集聚区和商水县城区的工业及生活污水的处理任务。服务面积覆盖商水县产业集聚区和商水县城区。商水县污水处理厂

设计规模一期处理能力 3 万 m^3/d，二期处理能力 3 万 m^3/d，共计 6 万 m^3/d。目前商水县污水处理厂处理尾水可以满足中水回用要求，但尚无明确的中水回用去向。

（3）地表水

主要采用沙河地表水作为水源，目前取水口已经完成规划设计，设计供水管道两条，管径均为 1 m，输水线路设计引水能力为 20 万 m^3/d，目前，沙河地表水输水管道及工业水厂已基本建成，工业水厂设计规模为 9 万 m^3/d，尚未投用。

4.排水

园区废水排入商水县经开区污水处理厂，商水县经开区污水处理厂位于汤庄乡隆达电厂铁路专用线北侧，西干渠西侧，总占地面积约 84.57 亩。该污水处理厂设计总规模 7 万 t/d，分两期建设，目前一期工程 3 万 t/d 已完工。商水县经开区污水处理厂配套有尾水人工湿地，该人工湿地拟建于商水县行政路西段、章华台路南侧、陈胜大道东侧废弃坑塘，占地面积 297.7 亩，设计规模 6 万 t/d，已经完成前期选址和可研报告。同时商水县远期可新增人工湿地用地面积 400 亩。

商水县经开区污水处理厂及尾水人工湿地规模及建设标准等基本情况见表 5-1。

表 5-1　商水县经开区污水处理厂及尾水人工湿地建设情况

项目	建设位置	占地面积	设计规模及建设情况	采用工艺	设计进水指标	设计出水指标
商水县经开区污水处理厂	商水县汤庄乡隆达电厂铁路专用线北侧，西干渠西侧	84.57 亩	总规模 7 万 t/d，分两期建设。一期建设规模 3 万 m^3/d，二期建设规模为 4 万 m^3/d。目前一期工程已完工，在调试设备。二期工程未建设成	粗格栅提升泵房+细格栅及旋流沉砂池+调节池+初沉池+生化池+二沉池+二次提升泵站+高效沉淀池+气水反冲洗砂滤池+消毒出水	COD300 mg/L、BOD_5 140 mg/L、SS150 mg/L、氨氮 25 mg/L、总氮 35 mg/L、总磷 3.5 mg/L	COD40 mg/L、BOD_5 10 mg/L、SS10 mg/L、氨氮 2 mg/L、总氮 15 mg/L、总磷 0.5 mg/L
尾水人工湿地	商水县行政路西段、章华台路南侧、陈胜大道东侧废弃坑塘	297.7 亩；根据调查，商水县远期可新增人工湿地用地面积 400 亩	人工湿地为印染园区污水处理厂配套工程，设计规模 6 万 t/d，目前已完成前期选址和可研报告，尚未建设。规划排水进入南干渠	生物曝气塘、表面流人工湿地、垂直流人工湿地、稳定塘及管网等	COD40 mg/L、氨氮 2 mg/L、总磷 0.5 mg/L	COD30 mg/L、氨氮 1.5 mg/L、总磷 0.3 mg/L

三、园区规划

(一)发展思路

1.以承接长三角产业转移为产业增量主要来源

从河南省纺织产业实际出发，园区采用做足增量、优化存量、先立后破的思路导入产业。遵循印染产业"就近转移"的布局趋势特点，瞄准长三角，将环太湖流域作为产业引进核心目标地区，环太湖流域集中了全国约 50% 的印染、涉染类企业，约 65% 的印染生产

能力,招商潜力非常大。不以行政或强力政策引导的方式推动省内印染企业迁建入园,有三个原因:一是省内搬迁无法直接创造增量,难以起到补短板的作用;二是近年来印染行业亏损面持续加大逼近50%,河南省印染企业运行负荷低、效益弱、迁建投资大,多数没有资金实力;三是省内即有的印染存量市场化形成、上下游关联紧密,迁建需求不强;即有的印染园区建设程序合规,政府和社会资方已投入财力、人力、物力,亟待通过产业发展见效果。

2. 以显著成本优势、丰富要素优势、多元化服务优势作为竞争力

成本优势是驱动产业转移的因素之一,是保障未来发展的重要因素,对于中西部地区包括河南省,成本优势显著才能见效,园区在土地、供水、供热、排污、用工等方面着手,从投资建设和生产运营两个维度降低入园项目的投资和运行成本;资源要素丰富是园区建设的重要优势,在建设用地指标、排污指标、能耗指标等关键性指标上较省内其他园区相比优势显著,具备打造产业规模化、集聚化的扎实基础;多元化服务是印染专业园区乃至国内工业园区软实力建设的主要方向,产业园将从基础服务、专业服务2个层面着手,解决产业需求,使企业专注生产、减轻负担。

3. 通过重大优选项目放大优势、快速形成发展效果

参照盛泰、润融,分阶段着力招引2~3家以印染为主业、产能规模大、技术水平高、运营管理能力强的项目,发挥建设主体在技术管理引领、生产要素利用支配、市场资源对接、项目嫁接招商、园区专业服务、污水预处理设施建设等方面的市场化带动能力,进一步放大园区的资源要素、生产成本、专业服务等方面优势,形成以龙头企业带动的产业组团式、链群式发展,快速形成产业发展效果,提升园区的行业影响力。

4. 分阶段完成区域的印染生产中心向全省纺织产业的赋能中心、生态孕育中心逐步转变

一阶段:区域印染生产制造中心,周口市在区位上能够有效串联豫、鲁、皖、鄂、苏五省,周边商丘市、阜阳市、宿迁市、徐州市、襄阳市、菏泽市等城市人口体量大、密度高、服装加工产能大,但印染资源匮乏、市场需求大;二阶段:全省纺织产业的赋能中心,印染产业通过持续发展,市场化方式与上下游产业构建业务协作关系,立足周口市不断扩大省内辐射范围,形成省内完整的、支撑力强的产业体系和供应链体系,降低产业链供应链综合成本,提升河南省纺织服装产业的竞争力和运行质效,在此阶段,印染对纺纱、织造的拉动效果优于对服装、家纺的推动效果;三阶段:全省纺织产业的生态孕育中心,与省内的服装加工、家纺生产、专业市场、设计研发、时尚创意等产业资源、商贸资源、专业服务资源在更广更深范围内协同,推动产业物种数量增加、物种类型丰富、相互关联度提高,孕育全省的纺织服装产业生态。

(二)发展原则

1. 政府引导,市场主导

尊重市场规律,充分认识到市场配置资源的决定性作用,在此基础上更好地发挥政府作用,使产业发展成为市场调节、自然成长的过程,成为政府调控、规划引导的过程。科学绘制规划实施路线图,分步骤、分节点推进,既要发挥好政府主观调控和引导作用,快速形成产业效果;也要尊重产业规律,在研发、设计、品牌等高价值链环节长期培育。

2.前瞻谋划,绿色发展

"两山理论"和"双碳目标"背景下,印染行业绿色发展成为刚性要求,绿色低碳、持续经营是产业园发展的基本保障,既要从实际出发,也要前瞻谋划。树立底线思维,在现行环保政策下,结合已批印染项目的实际生产要素消耗和污染排放情况,落实要素和配套保障,采用先进的、节能环保工艺技术和装备,切实推进项目建设。树立前瞻思维,从园区长期发展考虑,项目准入标准从严从新公共配套设施设计建设适度超前,污染处置具备提标能力,同时做好风险分析和防范预案。

3.创新驱动,特色发展

印染产品呈现生态环保、功能化的发展趋势,依托的是强大的研发设计能力,园区要坚持创新发展,注重研发设计,占领中高端市场,为客户提供设计、生产全方位服务;园区运营按照"构建产业体系、形成产业集群、打造产业生态"的创新发展模式,引进专业服务机构,提供公共服务和专业服务,形成园区特色的建设运营模式。

4.统筹建设,协调发展

产业园建设统筹周口、河南省及省外周边地区的产业特点,立足周口、服务全省、辐射鄂苏鲁皖,确定产业发展细分品类及规模。坚守生态环保底线,统筹与环境的关系,产业发展要与资源、要素、环境相适应,采取"标准地"出让模式,将地块与产能产量、能耗水耗产值利税挂钩,便于统筹运营管理。

(三)园区定位

1.全省"补短板、强弱项"先行区

补短板,全省印染与终端不匹配,印染已成为制约纺织服装行业扩大规模和长足发展的短板。产业园依托终端需求明确产品品类及规模,补齐短板,推动结构调整及转型升级。

强弱项,印染行业的发展为服装、家纺和产业用纺织品等下游产业提供重要的技术支撑,为满足人民对纺织产品新需求、引领绿色时尚新潮流提供重要保障,产业园不仅是面料生产供应基地,更是新技术、新产品的策源地,依托面料提升全省纺织服装产业价值水平;产业园从量和品类两方面着手,畅通产业链,提高产业上下游的有序协同、供需链连接性和效率,全面提升河南省纺织服装产业的核心竞争力和国际影响力。

2.行业"谋创新、促转化"样板区

谋创新,瞄准产业前沿和共性关键技术,充分借力省内外高校院所、先进企业、专业机构等资源,强化多方交流合作,为科研成果提供应用示范场景和场地,同时解决行业共性技术需求,力争在无水少水印染、数码印花、泡沫染色及后整理等领域实现创新。

促转化,重点开展工程化研究与实践,加速纺织服装技术成果转化。创新成果转化机制,增强共性技术扩散能力。遴选科技含量高、市场前景好的重点科技成果加大资金投入从物理空间、金融支持、专业服务等方面,加快推进前沿技术的企业孵化,依托高新技术在园区孵化一批具有国际竞争实力的专精特新"小巨人"企业。

3.行业"绿色化、数智化"示范区

减碳示范,通过技术和模式创新、优化能源结构,减少直接碳源和间接碳源的排放量,增加整体碳汇能力。通过大幅提高绿化面积,提高园区生态碳汇能力。做出示范。

园区将在减碳手段与效果、碳汇统计方法、能源管理、植物碳汇连续动态监测等方面为行业做出示范。

数智化示范,从生产流程控制(PLC)、生产执行管理(MES)和企业资源管理(ERP)三个层次全面提升企业生产数控水平,提升园区数字化管理能力。建设"智慧园区",提高管理效率、扩大管理边界,做出示范,园区将在数字化应用的领域、深度、效果等方面为行业做出示范。入园条件中数字化程度是也是考量条件之一。

(四)发展目标

园区的建设,通过引进增量、激活存量、补齐短板,提高产业链上下游协同能力和附加值。以科技创新为第一驱动,促进创新链、产业链、价值链有效对接,推动全省纺织服装产业调结构、扩规模、强竞争、提质效。

以"立足周口、服务全省、辐射鄂苏鲁皖"为目标市场,按照满足周口面料需求的80%、省内周边6市面料需求的60%、省外周边11市面料需求的20%进行估算,目标市场面料需求近40亿米。产业发展依赖要素保障,坚守环保底线思维,至2030年,产业园预计印染规模实现32.3亿米/年,形成5~10项绿色产品、3~5家绿色工厂、1个绿色园区;入选纺织行业水效"领跑者"企业1~2家、能效"领跑者"企业1~2家。

(五)用地规划

园区规划二类工业用地3292亩,占总用地面积的78.8%,居住用地353亩,占总用地面积比例为8.5%;公用设施用地18亩,占总用地面积比例为0.4%;物流仓储用地172亩,占总用地面积比例为4.1%;绿地广场215亩,占总用地面积比例为5.1%;道路与交通设施用地127亩,占总用地面积比例为3.0%。河南(周口)绿色印染产业园用地性质规划图详见二维码。

河南(周口)绿色印染示范产业园用地性质规划图

第二节 河南(周口)绿色印染示范产业园地表水输入响应关系及环境质量现状

一、园区废水排放路线

河南(周口)绿色印染示范产业园废水经商水县经开区污水处理厂及人工湿地处理后排入南干渠,流经约23.5 km后在商水县刘湾村附近进入清水河,再流经约6.5 km到达项城齐坡断面入项城,在项城流经约4.6 km后与运粮河交汇,然后流经约1 km在项城邓湾附近汇入长虹运河,再向南流经18.7 km进入汾(泉)河,最终流经43.4 km到达老

沈丘泉河桥断面出河南境。园区排水路线示意图见二维码。

园区废水排放路线示意图

二、流域概况

(1)南干渠

南干渠为一条人工开挖的运河,其水体功能最初为引沙(沙河)灌溉,近年来,逐渐成为周口市、商水县的纳污水体。起点为商水县西北的雷楼,在商水县刘湾附近注入清水河,全长约 30 km。南干渠为人工开挖渠,无天然径流。

(2)清水河

清水河在商水县境内起于臧岗坡,止于任河口,汇水面积 173 km²,境内河长 32.15 km,河道底宽 6~29 m,河底高程 42.55~37.27 m,边坡 1∶2,地面高程 44.65~43.00 m,除涝水位 45.05~41.07 m,设计标准为 10 年。

(3)运粮河

运粮河源出张庄乡老枯河,沿省道 238,至川汇区汇合北来干渠,沿交通路蜿蜒东去,流经张庄乡、黄寨镇,至项城南顿汇合清水河流入项城长虹运河后又向南汇入汾河。

(4)长虹运河

长虹运河始建于 1958 年 10 月,北起花园办事处付营沙颍河口,南至贾岭镇小曹庄东北连通南新河东支,全长 41.5 km,自北向南流经 9 个镇、办,贯通沙颍、谷河、汾河、泥河 4 大河流及 5 条中型河流水系,纵贯项城南北,主要作用是综合开发利用水资源和交通航运,既能蓄水灌溉,又能互补水源。长虹运河为人工开挖运河,无天然径流。

(5)汾(泉)河

汾(泉)河是淮河一级支流沙颍河支流,其上游泥河口以上称汾河,以下称泉河。发源于郾城县(今河南省漯河市召陵区)召陵岗,流经商水县、项城市、沈丘县,在沈丘县老城西有泥河汇入,汇口以上河长 135 km,流域面积 2750 km²。

三、水质目标

河南(周口)绿色印染示范产业园废水流经南干渠、清水河、运粮河、长虹运河和汾(泉)河,南干渠无控制断面,清水河设置有项城齐坡市控断面,汾(泉)河设置有老沈丘泉河桥(许庄)国控断面,现状南干渠、清水河执行《地表水环境质量标准》(GB 3838—2002)V类标准,汾(泉)河老沈丘泉河桥(许庄)断面执行《地表水环境质量标准》(GB 3838—2002)Ⅳ类标准;根据《周口市人民政府关于印发周口市"十四五"水安全保障和水生态环境保护规划的通知》,"十四五"期末,南干渠、清水河执行《地表水环境质量标准》(GB 3838—2002)Ⅳ类标准,汾(泉)河老沈丘泉河桥(许庄)断面执行《地表水环境质量标准》(GB 3838—2002)Ⅲ类标准。纳污水体水质目标详见表 5-2。

表 5-2　纳污地表水体断面水质目标一览表

纳污水体	断面	现状控制水体功能目标	"十四五"末规划水质目标	备注
南干渠	—	V	IV	未设置断面
清水河	项城齐坡	V	IV	市控
汾(泉)河	老沈丘泉河桥(许庄)	IV	III	国控

四、近年来区域水环境质量状况

(一)清水河水环境质量状况

根据 2020—2023 年清水河项城齐坡断面的水环境质量常规例行监测数据(表 5-3),清水河项城齐坡断面 2020—2023 年 COD、氨氮、总磷年均值满足《地表水环境质量标准》(GB 3838—2002)V 类标准限值,但是 2020 年 8 月份、2021 年 3 月、5 月、7 月份总磷月均值存在超 V 类标准限值。2020—2023 年 COD、总磷年均浓度呈下降趋势。2020—2023 年清水河项城齐坡断面水质变化情况见图 5-1。

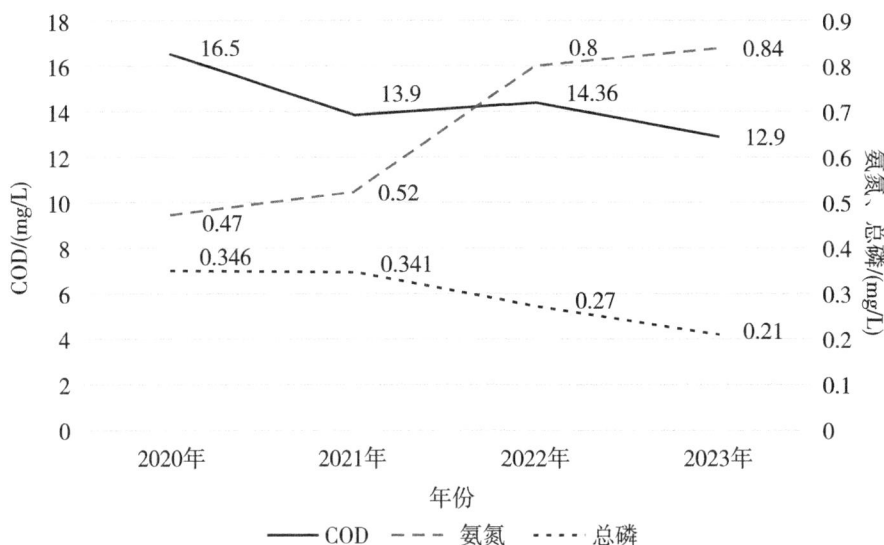

图 5-1　2020—2023 年清水河项城齐坡断面水质变化情况

表 5-3　2020—2023 年清水河项城齐坡断面水质监测结果

单位:mg/L

月份	2020 年			2021 年			2022 年			2023 年		
	化学需氧量	氨氮	总磷	化学需氧量	氨氮	总磷	化学需氧量	氨氮	总磷	化学需氧量	氨氮	总磷
1 月	15.2	0.36	0.471	10.5	0.33	0.330	13.4	0.49	0.34	14.1	1.41	0.38
2 月	14.6	0.31	0.419	14.1	0.13	0.291	11.2	0.27	0.22	10.8	0.14	0.19
3 月	10.6	0.18	0.258	18	0.37	0.415	14.9	0.28	0.28	14.7	0.11	0.12

续表 5-3

单位:mg/L

月份	2020 年			2021 年			2022 年			2023 年		
	化学需氧量	氨氮	总磷	化学需氧量	氨氮	总磷	化学需氧量	氨氮	总磷	化学需氧量	氨氮	总磷
4 月	14.8	0.19	0.122	19.3	0.25	0.329	14.4	0.41	0.18	16.8	1.7	0.14
5 月	31.7	0.77	0.237	18.7	0.42	0.420	19.8	0.65	0.51	17.0	0.6	0.1
6 月	29.2	0.86	0.192	10.1	0.32	0.284	19.8	1.33	0.19	13.2	0.69	0.13
7 月	13.5	0.70	0.325	20.2	1.38	0.444	18.4	1.91	0.3	9.8	1.62	0.34
8 月	14.3	0.59	0.442	9.9	0.44	0.298	16.9	0.68	0.19	10.2	0.84	0.26
9 月	11.9	0.26	0.370	9.7	0.86	0.316	12.5	0.79	0.22	11.1	0.489	0.23
10 月	16.4	0.86	0.431	11.5	0.76	0.3	10.3	0.81	—	9.9	0.17	0.2
11 月	14.5	0.29	0.560	12.4	0.60	0.390	11.4	1.01	—	13.8	0.59	0.15
12 月	11.7	0.26	0.327	12.4	0.39	0.276	9.3	0.95	—	13.5	1.74	0.24
年均值	16.5	0.47	0.346	13.9	0.52	0.341	14.36	0.80	0.27	12.9	0.84	0.21

(二)汾(泉)河水环境质量状况

根据 2020—2023 年汾(泉)河老沈丘泉河桥(许庄)断面的水环境质量例行监测数据见表 5-4。汾(泉)河老沈丘泉河(许庄)桥断面 2020—2023 年 COD、氨氮、总磷年均值均能满足《地表水环境质量标准》(GB 3838—2002)Ⅳ类标准限值,但是在 2023 年 2 月 COD 月均值存在超Ⅳ类标准现象。2020—2023 年汾泉河老沈丘泉河桥(许庄)断面水质变化情况见图 5-2。

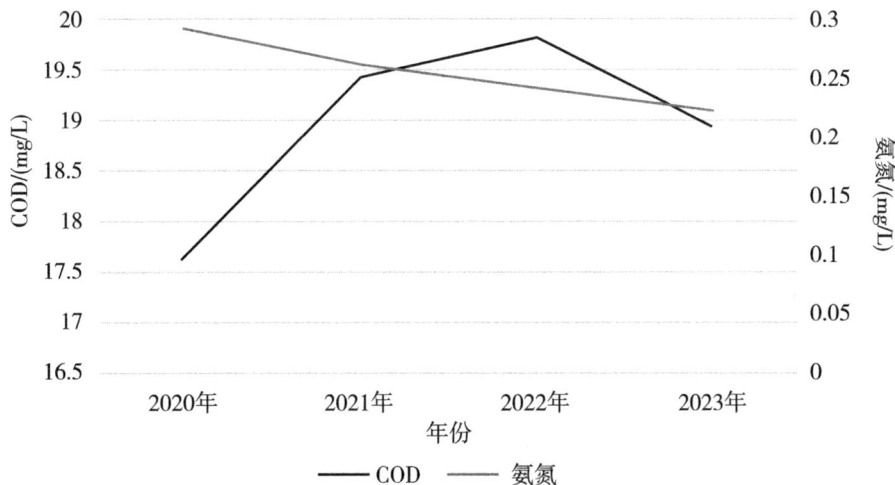

图 5-2　2020—2023 年汾泉河老沈丘泉河桥(许庄)断面水质变化情况

表5-4 2020—2023年汾(泉)河老沈丘泉河桥(许庄)断面水质监测结果 单位:mg/L

月份	2020年		2021年			2022年		2023年		
	化学需氧量	氨氮	化学需氧量	氨氮	总磷	化学需氧量	氨氮	化学需氧量	氨氮	总磷
1月	10.0	0.28	22	0.15	0.05	15.5	0.3	18.8	0.16	0.067
2月	11.5	0.18	16	0.11	0.07	24.2	0.51	32.3	0.24	0.088
3月	13.0	0.08	12.5	0.39	0.07	19.5	0.28	16.7	0.14	0.081
4月	18.5	0.42	25.5	0.23	0.05	—	0.16	18	0.15	0.101
5月	21.0	0.27	19.8	0.6	0.11	24.5	0.17	27	0.22	0.14
6月	27.0	0.44	28.5	0.35	0.15	17.5	0.21	25	0.22	0.134
7月	19.0	1.03	19.5	0.47	0.14	19	0.25	25	0.25	0.183
8月	22.0	0.17	21.5	0.26	0.05	15.5	0.2	12	0.17	0.128
9月	15.0	0.16	18	0.21	0.19	21.5	0.12	10	0.25	0.134
10月	19.0	0.3	12.2	0.09	0.13	27.5	0.3	13.5	0.47	0.128
11月	16.0	0.13	8.5	0.06	0.139	18.5	0.24	12.5	0.24	0.102
12月	19.0	0.02	28.5	0.17	0.07	15	0.1	16.5	0.07	0.07
年均值	17.6	0.29	19.4	0.26	0.10	19.8	0.24	18.94	0.22	0.11

(三)南干渠水环境质量状况

南干渠无省控、市控断面,根据《商水经济技术开发区发展规划(2022—2035年)环境影响报告书》2024年7月现场监测结果来表征该河流水质状况。现场选取园区污水处理厂排污口入南干渠上游500 m处、园区污水处理厂排污口入南干渠下游1000 m处、南干渠下游刘湾村、商水县污水处理厂排水口交汇处上游500 m、南干渠与商水县污水处理厂排水口交汇处下游1000 m处五个断面进行监测,COD、氨氮及其他因子均满足《地表水环境质量标准》(GB 3838—2002)中V类标准。

监测情况及结果详见表5-5、表5-6。

表5-5 南干渠现场监测点位情况

河流	断面位置	断面类型	监测因子	监测频次	监测时间
南干渠	产业集聚区工业污水处理厂排污口入南干渠上游500 m处断面	对照断面	pH、悬浮物、COD、BOD_5、氨氮、总磷、总氮、可吸附卤素、苯胺类、六价铬、硫化物、总锑、色度	连续监测3天,每天1次	2024.7.01—2024.7.12
	产业集聚区工业污水处理厂排污口入南干渠下游1000 m处断面	控制断面			
	南干渠下游刘湾断面	控制断面			
	南干渠与商水县污水处理厂排水口交汇处上游500 m	对照断面	pH、高锰酸盐指数、悬浮物、COD、五日生化需氧量、氨氮、总磷、总氮、石油类	连续监测3天,每天1次	2024.8.11—2024.8.13
	南干渠与商水县污水处理厂排水口交汇处下游1000 m	控制断面			

表5-6 南干渠水质监测数据一览表

断面名称	检测项目	监测值范围
产业集聚区工业污水处理厂排污口入南干渠上游500 m处断面	pH	7.6 ~ 7.7
	水温/℃	28.2 ~ 28.4
	色度(度)	10
	COD/(mg/L)	15 ~ 16
	BOD_5/(mg/L)	4.8 ~ 5.2
	氨氮/(mg/L)	0.768 ~ 0.814
	总磷/(mg/L)	0.03 ~ 0.05
	总氮/(mg/L)	0.99 ~ 1.36
	硫化物/(mg/L)	0.01 L
	六价铬/(mg/L)	0.004 L
	锑/(μg/L)	0.28 ~ 0.33
	悬浮物/(mg/L)	12 ~ 14
	苯胺类化合物/(mg/L)	0.03 L
	可吸附有机卤化物*/(μg/L)	102 ~ 107
	动植物油/(mg/L)	0.06 L

续表 5-6

断面名称	检测项目	监测值范围
产业集聚区工业污水处理厂排污口入南干渠下游 1000 m 处断面	pH	7.7 ~ 7.9
	水温/℃	28.0 ~ 28.3
	色度(度)	10
	COD/(mg/L)	12 ~ 13
	BOD_5/(mg/L)	4.1 ~ 4.4
	氨氮/(mg/L)	0.928 ~ 0.975
	总磷/(mg/L)	0.04 ~ 0.06
	总氮/(mg/L)	1.83 ~ 2.06
	硫化物/(mg/L)	0.01 L
	六价铬/(mg/L)	0.004 L
	锑/(μg/L)	0.24 ~ 0.26
	悬浮物/(mg/L)	13 ~ 16
	苯胺类化合物/(mg/L)	0.03 L
	可吸附有机卤化物*/(μg/L)	102 ~ 105
	动植物油/(mg/L)	0.06 L
南干渠下游刘湾断面	pH	7.6
	水温/℃	27.4 ~ 27.8
	色度(度)	10
	COD/(mg/L)	17 ~ 18
	BOD_5/(mg/L)	5.4 ~ 5.8
	氨氮/(mg/L)	1.50 ~ 1.58
	总磷/(mg/L)	0.37 ~ 0.39
	总氮/(mg/L)	4.13 ~ 4.21
	硫化物/(mg/L)	0.01 L
	六价铬/(mg/L)	0.004 L
	锑/(μg/L)	0.45 ~ 0.50
	悬浮物/(mg/L)	16 ~ 20
	苯胺类化合物/(mg/L)	0.03 L
	可吸附有机卤化物*/(μg/L)	107 ~ 109
	动植物油/(mg/L)	0.06 L

续表 5-6

断面名称	检测项目	监测值范围
南干渠与商水县污水处理厂排水口交汇处上游 500 m	pH	7.5 ~ 7.6
	COD/(mg/L)	15 ~ 16
	悬浮物/(mg/L)	13 ~ 16
	BOD_5/(mg/L)	4.6 ~ 5.1
	氨氮/(mg/L)	1.35 ~ 1.37
	总磷/(mg/L)	0.15 ~ 0.17
	总氮/(mg/L)	4.7 ~ 4.93
	高锰酸盐指数/(mg/L)	3.6 ~ 4.2
	石油类/(mg/L)	0.1 ~ 0.14
南干渠与商水县污水处理厂排水口交汇处下游 1000 m	pH	7.8
	COD/(mg/L)	12 ~ 17
	悬浮物/(mg/L)	10 ~ 14
	BOD_5/(mg/L)	4.5 ~ 4.7
	氨氮/(mg/L)	1.24 ~ 1.31
	总磷/(mg/L)	0.15 ~ 0.21
	总氮/(mg/L)	4.36 ~ 4.50
	高锰酸盐指数/(mg/L)	3.2 ~ 3.5
	石油类/(mg/L)	0.13 ~ 0.18

备注:"L"为未检出。

第三节　河南(周口)绿色印染示范产业园地表水环境影响预测

一、废水排放源强

河南(周口)绿色印染示范产业园作为河南省周口市商水经济技术开发区的一部分,本次废水源强的确定充分考虑了开发区规划发展的影响。

根据《河南省人民政府关于公布河南省开发区四至边界范围的通知》(豫政办〔2023〕26 号),商水经济技术开发区规划面积 1289.66 公顷,分为两个片区。片区一:东至顺河路、西至工港大道西侧规划路、南至章华台路、北至兴商大道;片区二:东至阳城大道、西至西二环西侧规划道路、南至城巴路、北至宁洛高速。其发展定位为"两区一极",即中原—长三角经济走廊先行区、河南省绿色印染创新发展示范区、商水县经济高质量发展增长极。商水经济技术开发区区位图见二维码。

商水经济技术开发区区位图

（一）工业废水量估算

1. 拟入驻项目废水量估算

周口市商水经济技术开发区近期拟入驻项目共 10 家企业,其中主要涉及废水的企业有 10 家,其中经开区片区二 7 家,废水排放量为 34233 t/d,1129.69 万 t/a。片区一涉及废水排放企业 3 家,废水排放量 73 m^3/d,2.41 万 m^3/a。

根据规划近期拟入驻项目环评报告,类比其他同类项目,估算规划实施后废水排放情况详见表 5-7。

表 5-7　园区近期拟入驻项目废水排放量估算表

序号	所在片区	建设单位	产业类别	新鲜耗水量/（万 m^3/a）	废水量/（万 m^3/a）
1	片区一	河南正康环保科技发展有限公司	节能环保	2.84	2.27
2		商水县利盈医疗废物处理有限公司	节能环保	0.17	0.14
3		河南科畅建筑工程有限公司	节能环保	6.19	0
4	片区二	河南盛泰针织有限公司	纺织印染	272.14	317.67
5		河南润融纺织产业运营管理有限公司	纺织服装	628.6	631.14
6		河南崇泰实业有限公司	食品加工	1.91	1.42
7		周口嘉豪包装制品有限公司	包装加工	0.36	0.22
8		商水县万豪通再生资源有限公司	节能环保	0.41	0.04
9		周口长捷新型建材有限公司	非金属矿物制品加工	0.55	0.02
10		周口市红绿蓝纺织科技有限公司	纺织印染	170.8	179.18
合计		—	—	1083.97	1132.10

规划远期,开发区主要进行河南（周口）绿色印染示范产业园的开发。目前,园区在建企业为河南盛泰针织有限公司和河南润融纺织产业运营管理有限公司两家以纺织印染为主的全产业链企业,排水量为 948.81 万 m^3/a,河南盛泰针织有限公司工业占地面积为 53.60 公顷,河南润融纺织产业运营管理有限公司工业占地面积为 61.18 公顷,合计工业占地面积为 114.78 公顷,园区每公顷面积废水排放量为 250.50 m^3/d。

北区地块目前未开发,拟远期规划开发,占地面积约 140.57 公顷,南区远期待开发

占地面积约 38.56 公顷,则废水排放量分别为 1162.03 万 m^3/a、318.78 万 m^3/a,合计园区远期新增水量为 1480.81 万 m^3/a。

开发区内片区一和片区二规划期内远期废水排放情况详见表 5-8。

表 5-8　经开区规划期远期废水排放量估算表

项目	对应面积/公顷	废水量/(万 m^3/a)	废水量/(m^3/d)
片区一远期新增排放量	140.57	1162.03	35213
片区二远期新增排放量	38.56	318.78	9660
开发区远期新增排放量	—	1480.81	44873

2. 比例推算法

考虑到园区规划近、远均以纺织印染产业为主,近期形成 11 亿米的印染产业规模,规划期末形成 32.3 亿米的印染产业规模,根据《印染行业规范条件(2023 版)》《工业与城镇生活用水定额》(DB 41/T385—2020)的用水定额要求估算园区印染(非水介质染色和数码印花除外)工业用水量,非水介质染色和数码印花参考行业同类企业的取水量估算其用水量,废水排放量按取用水量的 80%。规划产品取水量见表 5-9,规划近、远期废水取排水量估算详见表 5-10。

表 5-9　单位产品取水量一览表

标准来源	分类	单位产品取水量	单位
印染行业规范条件(2023 版)	棉、麻、化纤及混纺机织物	1.4	m^3/100 m
	纱线、针织物	85	m^3/t
工业与城镇生活用水定额 DB41/T385—2020	针织印染布(先进值)	50	m^3/t
参考类似企业	数码印花布	0.64	m^3/t

表 5-10　园区规划近、远期废水取排水量估算表

产品	规模/t	规模/亿米	单位产品取水量	取水量 万 m^3/a	取水量 m^3/d	排水量 万 m^3/a	排水量 m^3/d
色纱	6000	0.5	85 m^3/t	51.0	1545.45	40.8	1236.36
棉、化纤及混纺机织面料	40000 万 m	4	1.4 m^3/hm	560	16969.70	448	13575.76
棉、化纤及混纺针织面料	60000	5	50 m^3/t	300	9090.91	240	7272.728
棉纱非水介质染色	6000	0.5	7 m^3/t	4.2	127.27	3.36	101.816

续表 5-10

产品	规模/t	规模/亿米	单位产品取水量	取水量		排水量	
				万 m³/a	m³/d	万 m³/a	m³/d
数码印花面料	10000 万 m	1	0.73 m³/hm	73	2212.12	58.4	1769.696
近期		11	—	988.2	29945.45	790.56	23956
色纱	13000	1.1	85 m³/t	110.5	3348.48	88.4	2678.79
棉、化纤及混纺机织面料	100000 万 m	10	1.4 m³/hm	1400	42424.24	1120	33939.39
棉、化纤及混纺针织面料	150000	12.5	50 m³/t	750	22727.27	600	18181.82
棉纱非水介质染色	20000	1.7	7 m³/t	14	424.24	11.2	339.39
数码印花面料	70000 万 m	7	0.73 m³/hm	511	14848.48	392	11878.79
远期		32.3	—	2785.5	84409.09	2228.4	67527.27

由上表统计可知,近期每年 11 亿米印染产能纺织印染行业废水排放量为 790.56 万 m³/a,23956 m³/d;远期新增 21.3 亿 m/a 印染产能,新增纺织印染行业废水排放量为 1437.84 万 m³/a,43571.27 m³/d。

根据表 5-11 结果,按最不利情况确定,开发区规划近期工业废水新增排放量为 1132.10 万 m³/a,34306.06 m³/d,规划远期工业废水新增排放量为 1480.81 万 m³/a,44873 m³/d。

表 5-11　经开区规划期废水排放量估算表

所在园区	项目		废水量/(万 m³/a)	废水量/(m³/d)
开发区	现状废水量	片区一	168.51	5106
		片区二	19.34	586
		合计	187.85	5692
	近期新增废水量	项目估算法	1132.10	34306.06
		比例推算法	790.56	23956
	远期新增废水量	项目估算法	1480.81	44873
		比例推算法	1437.84	43571.27
合计	现状废水量		187.85	5692
	近期新增废水量		1132.10	34306.06
	远期新增废水量		1480.81	44873

(二)生活污水量估算

1.计算方法

根据开发区人口规模、人均综合用水量以及污水排放系数等对生活污水污染物排放进行预测,计算公式如下:

$$W = Q \cdot P \cdot c \times 365 \times 10^{-3} \tag{5-1}$$

式中

W ——规划年集聚区城镇生活污水排放量,m^3/a;

Q ——规划年集聚区人均综合生活用水量,$L/(人 \cdot d)$;

P ——规划年集聚区人口,人;

c ——污水排放系数;

2.参数选取

人口 P:目前,开发区现状(2024年)常住人口约为4万人,根据居住用地规模和总体规划确定的开发区的人口,规划近期(2025年)人口与现状相近,至规划远期(2035年)开发区人口将达到5万人。

人均生活综合用水量 Q:2035年开发区最高日综合用水指标取 110～220 $L/(人 \cdot 天)$,考虑到商水县地处北方,用水指标按120 $L/(人 \cdot 天)$。

污水排放系数 c:按0.8计。

3.预测结果

由上述方法可计算出规划年份集聚区城镇生活污染源排放情况,计算结果详见表5-12。

表5-12 开发区生活污染源排放情况预测结果

预测年份	人口规模/万人	用水量/(万 m³/d)	排水量/(万 m³/d)	新增排水量/(万 m³/d)
现状	4	0.48	0.38	—
近期	4	0.48	0.38	0
远期	5	0.60	0.48	0.10

从表5-12可以看出,规划近期无废水新增排放量,规划期末,生活污水新增排放量为0.10万 m³/d。

(三)其他废水量预测

依据《城市给水工程规划规范(GB 50282—2016)》,结合规划用地结构,对各类用地的用水情况进行了估算,详见表5-13、表5-14。

表5-13　规划期末其他最高日用水量预测结果一览表

预测年份	规划用地面积/公顷	用水定额(每公顷)/(m³/d)	用水量		排水量		新增排水量/(m³/d)
			万m³/a	m³/d	万m³/a	m³/d	
现状	21.39	20	15.61	427.80	12.49	342.24	—
近期	25.76	20	18.80	515.20	15.04	412.16	412.16
远期	33.16	20	24.21	663.2	19.37	530.56	530.56

表5-14　规划年开发区近、远期废水排放情况预测结果汇总表

预测年份	废水类型	新增新鲜水用量/(m³/d)	新增废水排放量/(m³/d)
近期	工业用水	42882.58	34306.06
	居民生活	0	0
	其他用水量	515.20	412.16
	合计	43397.78	34718.22
远期	工业用水	56091.25	44873
	居民生活	1250.00	1000
	其他用水量	663.20	530.56
	合计	58004.45	46403.56

注:排水量按取水量的80%计算。

(四)废水排放量预测

至规划期末,开发区新鲜用水量为10.14万 m³/d,废水排放量为8.11万 m³/d,其中工业废水排放量为7.92万 m³/d,居民生活污水排放量为0.10万 m³/d,其他废水排放量为0.09万 m³/d。详见表5-15。

表5-15　废水排放量预测一览表

废水类型	现状废水排放量		规划近期新增废水排放量/(万m³/d)	规划末期废水排放量(2035年)/(万m³/d)
	万m³/d	万m³/a		
工业废水	0.569	187.85	3.43	7.92
生活污水	0.38	138.7	0	0.10
其他废水	0.03	12.49	0.04	0.09
合计	0.979	339.04	3.47	8.11

(五)废水排放源强确定

规划近期新增废水排放量为3.47万 m³/d,规划远期废水排放量为8.11万 m³/d。废水全部进入园区污水处理厂集中处置,出水满足《城镇污水处理厂污染物排放标准》

(GB 18918—2002)一级 A 类标准要求(其中 COD40 mg/L、氨氮 2 mg/L 和总磷 0.4 mg/L);尾水进入人工湿地进一步处理后,出水满足地表水 Ⅳ 类(COD30 mg/L、氨氮 1.5 mg/L 和总磷 0.3 mg/L)。

二、预测因子、断面及标准

(一)预测因子

园区废水主要为纺织印染废水,根据《排污许可证申请与核发技术规范 纺织印染工业》(HJ 861—2017),纺织印染废水中污染物种类包括:pH、COD、BOD_5、SS、氨氮、总氮、总磷、色度、动植物油、可吸附有机卤素(AOX)、苯胺类、硫化物、二氧化氯、总锑、六价铬。

六价铬、苯胺类和总锑:染整工业废水中的六价铬主要来源于毛印染时需要添加含铬染料和含铬助剂。该园区印染产业主要发展棉、化纤及混纺机织面料和纱线、针织物等印染产品,不属于毛印染项目,不使用含铬染料和含铬助剂,生产废水中不涉及六价铬。染整工业废水中的苯胺类来源于联苯胺型偶氮染料,根据《产业结构调整指导目录(2024 年本)》,在还原条件下会裂解产生 24 种有害芳香胺的偶氮染料(非纺织品用的领域暂缓)已被列为落后产品,禁止生产和使用。拟入驻项目不使用联苯胺型偶氮染料,生产废水中不涉及联苯胺类。此外,根据《纺织染整工业水污染物排放标准》(GB 4287—2012),新建纺织染整企业在生产设施或车间排放口处废水不得检出六价铬和苯胺类。特征因子总锑已进行现状监测,虽有污染物排放标准,但无地表水环境质量标准,拟入驻园区的建设项目需符合《纺织染整工业水污染物排放标准》(GB 4287—2012)及其修改单的标准要求。故预测不考虑六价铬、苯胺类和总锑等特征因子。

动植物油、二氧化氯和可吸附有机卤素(AOX):根据《排污许可证申请与核发技术规范 纺织印染工业》(HJ 861—2017),在纺织印染废水中,动植物油因子仅适用于含缫丝、毛纺生产单元的排污单位。二氧化氯和可吸附有机卤素仅适用于麻纺、印染生产单元中含氯漂工艺的排污单位,园区印染产业主要发展棉、化纤及混纺机织面料和纱线、针织物等印染产品,不涉及缫丝、毛纺、麻纺等,拟入驻项目退煮漂工序均在精炼水洗一体机进行,一般采用氧漂工艺,因此废水中不涉及动植物油、二氧化氯和可吸附有机卤素,上述特征因子均无地表水环境质量标准,预测不考虑动植物油、二氧化氯和可吸附有机卤素等特征因子。

综上,废水预测因子选用 COD、氨氮和总磷。

(二)预测断面

园区产生废水经园区集中污水厂处理后,流经南干渠、清水河、长虹运河和汾泉河,设置有控制断面的为清水河和汾泉河,因此,预测断面为清水河项城齐坡断面和老沈丘泉河桥(许庄)断面。

(三)预测评价标准

根据预测断面水质目标,清水河项城齐坡断面执行《地表水环境质量标准》(GB 3838—2002)Ⅳ类(COD30 mg/L,氨氮 1.5 mg/L 和总磷 0.3 mg/L)标准;老沈丘泉

河桥(许庄)断面执行《地表水环境质量标准》(GB 3838—2002)Ⅲ类(COD20 mg/L,氨氮 1.0 mg/L 和总磷 0.2 mg/L)标准。

三、排污口情况

商水县城区现有 3 座污水处理厂,各污水处理厂的情况如下:

周口沙南污水处理厂位于周口市五一路与宁洛高速交叉口西南部,设计规模总为 17 万 m^3/d(一期规模 7 万 m^3/d,二期规模 5 万 m^3/d,三期规模 5 万 m^3/d),主要处理周口市沙河以南城区污水和商水县老城区污水。目前三期工程已经全部完成,周口沙南污水处理厂现状收水规模为 15 万 m^3/d,还剩余 2 万 m^3/d 规模,近期无扩建计划。沙南污水处理厂排水去向分两部分,其中一路由污水厂排水口向北经杨脑干渠向运粮河排水;另一路经污水厂排水口向南进入清水河。

商水县污水处理厂位于商水县苏坡村西 700 m,规划规模为 12 万 m^3/d,主要处理商水县城区产生的污水,目前商水县污水处理厂一期工程 6 万 m^3/d 已建成投运,现状收水规模为 5.3 万 m^3/d,剩余 0.7 万 m^3/d 规模。在商水境内纳污河流为南干渠、清水河。

经开区污水处理厂位于隆达电厂北侧西干渠西侧,正在建设,设计总规模为 7.0 万 m^3/d(一期规模 3 万 m^3/d,二期规模 4 万 m^3/d),主要接纳开发区废水。目前经开区污水处理厂一期已经建设完成,二期正在建设中,随着经开区规划的实施,适时扩建至 10 万 m^3/d(三期工程)。经开区污水处理厂拟建尾水湿地工程,规划处理规模 10 万 m^3/d,一期工程 6 万 m^3/d 已完成可研设计,二期工程正在筹备。

四、上游排水情况

商水县清水河源头起于商水县境内臧岗坡,河水主要为商水县和周口市沙南片区污水处理尾水;南干渠原为人工开挖的灌渠,上游无天然径流,现河水主要为商水县污水处理厂及经开区园区污水处理厂排水,枯水期上游不引水,仅在灌溉期为污水处理厂上游农田引水灌溉,有少量水流汇入下游,因此,预测不考虑南干渠上游排水情况。

五、地表水环境影响预测

(一)水文参数

南干渠、长虹运河均为区域纳污水体,未设置水文观测站。

根据清水河水文资料,清水河近 10 年最枯月平均流量 2.0 m^3/s,流速 0.08 m/s,水面宽度 26 m,水深 1.0 m,河流底坡度 1/1000。

根据汾(泉)河水文资料,汾河近 10 年最枯月平均流量 8.2 m^3/s,流速 0.12 m/s,水面宽度 50 m,水深 1.5 m,河流底坡度 1/1000。

清水河和汾(泉)河均可概化为矩形平直河流,简化后河流主要水文参数见表 5-16。

表5-16　简化后河流主要水文参数

河流	水面宽/m	水深/m	水力坡度	流速/(m/s)	流量/(m³/s)
清水河枯水期	26	1.0	0.001	0.08	2.0
汾(泉)河枯水期	50	1.5	0.001	0.12	8.2

(二)降解系数

按照原环境保护部环境规划院《全国地表水水环境容量核定技术复核要点》(2004年),根据水质优劣状况进行一般河道水质降解系数参考值的选取,水质及生态环境较好的,水质降解系数值大、反之则小,相应的河道削减系数详见表5-17。

表5-17　水质降解系数参考值

水质及水生态环境状况	水质降解系数/d⁻¹——一般河道	
	COD_{Mn}	氨氮
优(相应水质为Ⅱ-Ⅲ类)	0.18～0.25	0.15～0.20
中(相应水质为Ⅲ-Ⅳ类)	0.10～0.18	0.10～0.15
劣(相应水质为Ⅴ类或劣Ⅴ类)	0.05～0.10	0.05～0.10

根据周口市近年来的水攻坚方案,在采取了工业源改造升级水污染防治设施、城市和工业污水处理厂全面提标改造后,清水河项城齐坡断面COD、氨氮和总磷年均值和月均值基本能满足"十四五"末执行的《地表水环境质量标准》(GB 3838—2002)中Ⅳ类水标准,汾(泉)河老沈丘泉河桥(许庄)断面COD、氨氮和总磷年均值和月均值基本能满足"十四五"末执行的《地表水环境质量标准》(GB 3838—2002)中Ⅲ类水标准,清水河和汾(泉)河水质及生态环境状况为中等。

根据区域环境特点,南干渠和长虹运河是人工开挖的河道,因此南干渠段和长虹运河保守考虑COD、氨氮的降解系数为0d⁻¹,0d⁻¹;清水河和汾(泉)河考虑降解系数考虑最不利情况均取COD 0.10d⁻¹,氨氮0.10d⁻¹。

参照安徽省环境科学研究院于2019年4月编制的《临泉县泉河水体达标方案》中水体达标系统分析章节,泉河总磷综合降解系数约为0.03d⁻¹,清水河总磷降解系数参照执行。详见表5-18。

表5-18　降解系数取值一览表

河流	长度/km	降解系数/d⁻¹		
		COD	氨氮	总磷
南干渠	23.8	0	0	0
清水河	11.2	0.10	0.10	0.03
长虹运河	18.7	0	0	0
汾泉河	44.4	0.10	0.10	0.03

(三)预测情景

考虑最不利条件,经开区污水处理厂规划总规模在规划近期废水新增排放量为3.47 万 m³/d,规划末期废水新增排放量为8.11 万 m³/d,中水回用率15%时,废水排放量为6.89 万 m³/d。

根据调查,周口市沙南污水处理厂还有2 万 m³/d 的剩余负荷,沙南污水处理厂污水排放增量为2 万 m³/d,排放标准一级 A,COD、氨氮和总磷排放浓度最大值分别为50 mg/L、5 mg/L 和0.5 mg/L。商水县污水处理厂目前剩余处理负荷为0.7 万 m³/d,远期拟扩建6 万 m³/d,合计6.7 万 m³/d,现有项目正在进行提标改造,改造完成后排放标准为 COD 30 mg/L、氨氮1.5 mg/L 和总磷0.3 mg/L。按以上两座污水处理厂均达到满负荷考虑,污水排放量将增加8.7 万 m³/d。

开发区规划建设再生水厂,规模为5.6 万 m³/d,尚未开工建设。规划尾水湿地工程(规划规模10 万 m³/d)用于处理园区污水处理厂尾水,目前6 万 m³/d 的规模已获得可研批复。上述再生水厂预计2025 年8 月投入运营,人工湿地工程预计2025 年12 月投入运营。

考虑到开发区规划实施近远期区域地表水环境质量情况,清水河项城齐坡断面(市控)按照Ⅳ类水体作为断面考核目标,老沈丘泉河桥(许庄)断面(国控)按照Ⅲ类水体作为断面考核目标,近期仅新增经开区污水处理厂排放量,远期新增经开区污水处理厂、沙南污水处理厂和商水县污水处理厂新增排水量。本次预测在不考虑区域内其他污染源的变化的前提下,将上述三座污水处理厂的新增排水影响模拟预测,根据规划期新增排水量预测控制断面的水质情况,对控制断面是否满足目标值进行分析。

1. 近期设置以下预测情景

情景1(不利情景)

以清水河项城齐坡断面2023 年平均浓度为预测背景值,园区污水处理厂出水执行 COD 40 mg/L、氨氮2 mg/L 和总磷0.4 mg/L 标准,预测园区排水对清水河项城齐坡断面的影响。

以老沈丘泉河桥(许庄)断面2023 年平均浓度为预测背景值,园区污水处理厂出水执行 COD 40 mg/L、氨氮2 mg/L 和总磷0.4 mg/L 标准,预测园区排水对老沈丘泉河桥(许庄)断面的影响。

情景2(规划情景)

以清水河项城齐坡断面2023 年平均浓度为预测背景值,经开区污水处理厂尾水经人工湿地处理后出水执行 COD 30 mg/L、氨氮1.5 mg/L 和总磷0.3 mg/L 标准,预测园区污水处理厂排水对清水河项城齐坡断面的影响。

以老沈丘泉河桥(许庄)断面2023 年平均浓度为预测背景值,经开区污水处理厂尾水经人工湿地处理后出水执行 COD 30 mg/L、氨氮1.5 mg/L 和总磷0.3 mg/L 标准,预测园区污水处理厂排水对老沈丘泉河桥(许庄)断面的影响。

2. 远期设置以下预测情景

情景1(不利情景)

以清水河项城齐坡断面2023 年平均浓度为预测背景值,经开区污水处理厂出水执

行 COD 40 mg/L、氨氮 2 mg/L 标准和总磷 0.4 mg/L,沙南污水处理厂、商水县污水处理厂均满负荷(排放浓度按排放标准限值)时,预测区域内各污水处理厂排水对清水河项城齐坡断面的影响。

以老沈丘泉河桥(许庄)断面 2023 年平均浓度为预测背景值,经开区污水处理厂出水执行 COD 40 mg/L、氨氮 2 mg/L 和总磷 0.4 mg/L 标准,沙南污水处理厂、商水县污水处理厂均满负荷(排放浓度按排放标准限值),预测区域内各污水处理厂排水对老沈丘泉河桥(许庄)断面的影响。

情景 2(规划情景)

以清水河项城齐坡断面 2023 年平均浓度为预测背景值,经开区污水处理厂尾水经人工湿地处理后出水执行 COD 30 mg/L、氨氮 1.5 mg/L 和总磷 0.3 mg/L 标准,考虑园区污水处理厂总规划中水回用率 15% 情况下,预测区域内各污水处理厂排水对清水河项城齐坡断面的影响。

以老沈丘泉河桥(许庄)断面 2023 年平均浓度为预测背景值,经开区污水处理厂尾水经人工湿地处理后出水执行 COD 30 mg/L、氨氮 1.5 mg/L 和总磷 0.3 mg/L 标准,考虑园区污水处理厂总规划中水回用率 15% 情况下,预测区域内各污水处理厂排水对老沈丘泉河桥(许庄)断面的影响。

(四)模型预测

预测选取常规断面 2023 年常规监测数据,确定清水河、汾河预测背景浓度。地表水预测断面监测数据具体见表 5-19。

表 5-19　常规监测数据一览表　　　　　单位:mg/L

预测断面	污染因子	平均值
清水河项城齐坡断面	COD	12.90
	氨氮	0.84
	总磷	0.21
汾(泉)河老沈丘泉河桥(许庄)断面	COD	18.94
	氨氮	0.22
	总磷	0.11

(五)模型验证

园区废水排放流经河段南干渠、清水河、运粮河、长虹运河、汾(泉)河均为宽浅河段,考虑南干渠、清水河、运粮河、长虹运河、汾(泉)河河流地形概化顺直河道,水流为近 10 年最枯月流量下的稳态水流。

园区废水排放方式为岸边连续稳定排放,受纳水体水流均匀,排放口位于南干渠,本次不考虑混合过程段,清水河和汾泉河段在完全混合段采用纵向一维模型进行预测。

污染物横向扩散系数 Ey 可采用泰勒(Taylor)法经验公式计算:

$$E_y = (0.058H + 0.0065B)(gHI)^{1/2} \tag{5-2}$$

式中　E_y——污染物横向扩散系数，m^2/s。

　　　B——水面宽度，m；

　　　H——河流平均水深，m；

　　　g——重力加速度，$9.81\ \text{m/s}^2$；

　　　I——河流底坡度，m/m。本次评价取 $1/1000$。

　　O'Connor 数 α 和贝克来数 Pe 的临界值计算公式如下：

$$\alpha = \frac{kE_x}{u^2} \tag{5-3}$$

式中　α——O'Connor 数，量纲为 1，表征物质离散降解通量与移流通量比值；

　　　E_x——污染物纵向扩散系数，m^2/s；

　　　k——污染物综合衰减系数，$1/\text{s}$。

$$Pe = \frac{uB}{E_x} \tag{5-4}$$

式中　Pe——贝克来数，量纲为 1，表征物质移流通量与离散通量比值。

　　污染物纵向扩散系数 E_x 可采用埃尔德法经验公式计算：

$$E_x = 5.93H(gHI)^{1/2} \tag{5-5}$$

式中　H——河流平均水深，m；

　　　g——重力加速度，$9.8\ \text{m/s}^2$；

　　　I——水力坡降。

　　当 $\alpha \leqslant 0.027$，$Pe \geqslant 1$ 时，适用对流降解模型：

$$C = C_0 \exp\left(-\frac{kx}{u}\right) \qquad x \geqslant 0$$

$$C_0 = \frac{C_p Q_p + C_h O_h}{Q_p + Q_h} \tag{5-6}$$

式中　C_0——河流排放口初始断面混合浓度，mg/L；

　　　x——河流沿程坐标，$x=0$ 指排放口处，$x>0$ 指排放口下游段，$x<0$ 指排放口上游段；

　　　C——污染物浓度，mg/L；

　　　C_p——污染物排放浓度，mg/L；

　　　C_h——河流上游污染物浓度，mg/L；

　　　Q_p——污水排放量，m^3/s；

　　　Q_h——河流水流量，m^3/s。

（六）预测结果

不同情景下预测结果见表 5-20。

表5-20　不同情景下预测结果一览表

规划期	情景	预测断面	预测因子	背景值/(mg/L)	预测值/(mg/L)	增减变化/(mg/L)	执行标准/(mg/L)	达标情况
近期	情景1	清水河项城齐坡断面	COD	12.90	16.83	+3.93	30	达标
			氨氮	0.84	1.00	+0.16	1.5	达标
			总磷	0.21	0.24	+0.03	0.3	达标
	情景2	清水河项城齐坡断面	COD	12.90	15.31	+2.41	30	达标
			氨氮	0.84	0.93	+0.09	1.5	达标
			总磷	0.21	0.22	+0.01	0.3	达标
	情景1	汾(泉)河老沈丘泉河桥	COD	18.94	19.06	+0.12	20	达标
			氨氮	0.22	0.26	+0.04	1	达标
			总磷	0.11	0.12	+0.01	0.2	达标
	情景2	汾(泉)河老沈丘泉河桥	COD	18.94	18.76	−0.18	20	达标
			氨氮	0.22	0.25	+0.03	1	达标
			总磷	0.11	0.11	0	0.2	达标
远期	情景1	清水河项城齐坡断面	COD	12.90	22.41	+9.51	30	达标
			氨氮	0.84	1.31	+0.47	1.5	达标
			总磷	0.21	0.27	+0.06	0.3	达标
	情景2	清水河项城齐坡断面	COD	12.90	20.24	+7.34	30	达标
			氨氮	0.84	1.20	+0.36	1.5	达标
			总磷	0.21	0.24	+0.03	0.3	达标
	情景1	汾(泉)河老沈丘泉河桥	COD	18.94	20.01	+1.07	20	超标
			氨氮	0.22	0.55	+0.33	1	达标
			总磷	0.11	0.13	+0.02	0.2	达标
	情景2	汾(泉)河老沈丘泉河桥	COD	18.94	19.47	+0.53	20	达标
			氨氮	0.22	0.52	+0.3	1	达标
			总磷	0.11	0.12	+0.01	0.2	达标

1. 近期

不考虑污水处理厂尾水湿地情况下,经开区污水处理厂排水经过衰减后,最不利情况下清水河项城齐坡断面预测值均能够满足Ⅳ类水质要求,断面COD、氨氮和总磷占标率分为56.1%、66.7%和80.0%;汾(泉)河老沈丘泉河桥断面COD、氨氮和总磷预测值均能够满足Ⅲ类水质要求,断面COD、氨氮和总磷占标率分为95.3%、26.0%和60%。

考虑污水处理厂尾水湿地工程建成情况下,经开区污水处理厂排水经湿地衰减后,最不利情况下清水河项城齐坡断面预测值能够满足Ⅳ类水质要求,断面COD、氨氮和总磷占标率分为51.0%、62.0%和73.3%;汾(泉)河老沈丘泉河桥断面COD、氨氮和总磷

预测值能满足Ⅲ类水质要求,断面 COD、氨氮和总磷占标率分为 93.8%、25.0% 和 55.0%。

根据上述预测结果可知,近期清水河项城齐坡断面能够满足Ⅳ类水质功能目标要求,汾(泉)河老沈丘泉河桥断面能够满足Ⅲ类水质功能目标要求,经开区污水处理厂尾水排放不会导致清水河齐坡断面和汾(泉)河老沈丘泉河桥断面水质恶化,尾水湿地工程实施后,清水河项城齐坡断面和汾(泉)河老沈丘泉河桥断面水质能满足相应的水质功能目标要求,不会导致水环境质量恶化。

2. 远期

不考虑经开区污水处理厂尾水湿地工程情况下,经开区、沙南和商水县各污水处理厂排水经过衰减后,最不利情况下清水河项城齐坡断面预测值均能够满足Ⅳ类水质要求,断面 COD、氨氮和总磷占标率分为 74.7%、87.3% 和 90.0%;汾(泉)河老沈丘泉河桥断面 COD 预测值不能够满足Ⅲ类水质要求,氨氮和总磷预测值均能够满足Ⅲ类水质要求,断面 COD、氨氮和总磷占标率分为 100.1%、55.0% 和 65.0%。

考虑园区污水处理厂尾水湿地工程建成情况下,园区污水处理厂总规划中水回用率 15% 情况下,园区、沙南和商水县各污水处理厂排水经湿地衰减后,最不利情况下清水河项城齐坡断面预测值能够满足Ⅳ类水质要求,断面 COD、氨氮和总磷占标率分为 67.5%、80.0% 和 80.0%;汾(泉)河老沈丘泉河桥断面 COD、氨氮和总磷预测值能满足Ⅲ类水质要求,断面 COD、氨氮和总磷占标率分为 97.4%、52.0% 和 60.0%。

根据上述预测结果可知,最不利情景(情景 1)下,规划远期清水河项城齐坡断面水质可以满足Ⅳ类水质要求,汾(泉)河老沈丘泉河桥断面水质不能满足Ⅲ类水质功能目标要求。建成尾水湿地工程和中水回用率为 15%(情景 2)的情况下能够保证汾(泉)河老沈丘泉河桥断面满足Ⅲ类水质功能目标要求。

第四节 河南(周口)绿色印染示范产业园水环境承载力分析

一、水环境容量测算

(一)测算范围

根据河南(周口)绿色印染示范产业园废水排水路线沿途地表水体功能区划及考核断面设置点划分范围,本次水环境容量测算范围为人工湿地尾水入南干渠处至汾(泉)河老沈丘泉河桥国控断面。

(二)测算模型

1. 测算模型概述

污染物进入水体后,在水体的平流输移、纵向离散和横向混合作用下,与水体发生物理、化学和生物作用,使水体中污染物浓度逐渐降低。为了客观描述水体污染物降解规律,采用一定的数学模型来描述,主要有零维模型、一维模型、二维模型等。根据控制单

元水质目标、设计条件以及选择的模型,计算水环境容量。

各个模型适用条件见表5-21。

表5-21　模型类别及适用条件

类型	说明	适用条件
零维模型	水体处于完全混合状态,x、y、z三个方向上的水动力和水质要素都均匀分布,这种模型称为零维模型。	①河水流量与污水流量之比大于10~20;②不需考虑污水进入水体的混合距离。符合以上两个条件之一的环境问题可概化为零维问题。
一维模型	水体的水动力、水质要素只在一个方向有梯度存在,在另外两个方向上均匀分布的模型称为一维模型,一维模型包括垂向一维模型(适用于温度分层的湖泊)和纵向一维模型(适用于河流)。	①宽浅河段;②污染物在较短的时间内基本能混合均匀;③污染物浓度在断面横向方向变化不大,横向和垂向的污染物浓度梯度可以忽略。同时,满足以上条件的河段应采用一维模型。
二维模型	当水中污染物浓度在一个方向上是均匀的,而在其余两个方向是变化的情况一维模型不再适用,必须采用二维模型。	水面平均宽度超过200 m的河流均应采用二维模型计算。

2.测算模型确定

周口园区废水排放流经河段南干渠、清水河、运粮河、长虹运河、汾(泉)河均为宽浅河段,考虑南干渠、清水河、运粮河、长虹运河、汾(泉)河河流地形概化顺直河道,水流为近10年最枯季流量下的稳态水流,污染物在较短时间内基本能混合均匀,污染物浓度在断面横向方向变化不大,横向和垂向的污染物浓度梯度可以忽略,因此本次测算选择一维模型。根据《全国水环境容量核定技术指南》,不考虑混合区的一维模型水环境容量计算模式如下:

$$W_i = 31.54 \times (C \cdot e^{Kx/86.4 \cdot u} - C_i) \times (Q_i + Q_j) \tag{5-7}$$

式中　W_i ——第i个排污口允许排放量,t/a;

　　　C_i ——河段第i个节点处的水质本底浓度,mg/L;

　　　C ——控制断面水质标准,mg/L;

　　　Q_i ——河流节点后流量,m³/s;

　　　Q_j ——第i个节点处废水入河量,m³/s;

　　　u ——第i个河段的设计流速,m/s;

　　　x ——计算点到第i个节点的距离,km;

　　　K ——降解系数,d⁻¹。

(三)测算参数

1.排水水质

根据调查,商水县园区污水处理厂出水水质指标为COD 40 mg/L,氨氮2 mg/L;然后

进入人工湿地进一步处理后排入南干渠,人工湿地出水设计指标为 COD 30 mg/L,氨氮 1.5 mg/L,因此本次测算考虑在人工湿地稳定运营情况下印染园区入河废水水质为 COD 30 mg/L,氨氮 1.5 mg/L。

2.水文参数

(1)断面流速、流量参数

根据《全国水环境容量核定技术指南》"作为计算水环境容量的重要参数,各流域一般可选择 30Q10(近 10 年最枯月平均流量)作为设计流量条件",根据收集汾(泉)河下游沈丘水文站近 10 年(2012 年—2021 年)月均流量数据,近 10 年最枯月平均流量为 0 m³/s,该情景下河流断流,无生态基流,所以人工湿地尾水入南干渠处至汾(泉)河老沈丘泉河桥国控断面河流单元无环境容量。

经调查,汾(泉)河上下游分别设置周庄水文站、沈丘水文站,根据水文站近 10 年流量测量数据,上游周庄水文站 120 个月流量为 0 m³/s 占比为 53%,下游沈丘水文站流量为 0 m³/s 占比为 23%,枯水季汾(泉)河上游基本无天然径流。

根据《全国水环境容量核定技术指南》"海河、黄河、淮河、辽河等我国北方各个流域由于枯水月流量太小或可能断流,可同时选择 90Q10(近 10 年最枯季平均流量)或 90V10(近 10 年最枯季平均库容)作为参考设计水文条件"。因此本次水环境容量计算采用近 10 年最枯季平均流量数据。

根据收集汾(泉)河下游沈丘水文站近 10 年(2012 年—2021 年)月均流量数据,近 10 年最枯季平均流量为 2.13 m³/s。当流量为 2.13 m³/s 时,结合断面情况计算流速小于 0.1 m/s,根据《全国地表水环境容量核定有关技术问题的说明》(中国环境规划院),采用一维模型时如流速低于 0.1 m/s 时,应将流速调整到 0.1 m/s。因此,汾(泉)河流速取 0.1 m/s。

清水河河流规模较小,无水文站,商水境内清水河来水主要为沙南污水处理厂及商水县污水处理厂尾水,经过收集实测数据清水河在 10 月、11 月流量为 2.46~2.54 m³/s,与沙南污水处理厂(15 万 m³/d)及商水县污水处理厂现状量(5.3 万 m³/d)基本一致,说明清水河上游在枯水季天然径流较小,为沙河下泄流量。根据商水县提供 2022 年 10 月份、11 月份实测数据,清水河流速 0.21 m/s。

(2)降解系数选取

根据《全国水环境容量核定技术指南》,降解系数确定方法有水团追踪试验、实测资料反推、类比法、分析借用等方法。考虑到汾(泉)河支流较多,进行降解系数实测影响因素较多,本次降解系数选取采用分析借用法(即对于以前在环境影响评价、环境规划、科学研究、专题分析等工作中可供利用的有关数据、资料经过分析检验后采用)进行保守选取。

根据收集相关科学研究、专题分析资料,汾(泉)河的降解系数取值详见表 5-22。

表 5-22　汾(泉)河的降解系数取值参考表

纳污水体	水质现状	参考资料	降解系数
汾(泉)河	Ⅱ-Ⅲ	《周口市水环境承载力评价研究报告》	汾(泉)河(商水中岭–项城直河头)COD 0.01 d^{-1},氨氮 0.01 d^{-1};汾(泉)河项城直河头–老沈丘泉河桥(许庄)COD 0.09 d^{-1},氨氮 0.4 d^{-1}。
		《全国地表水水环境容量核定技术复核要点》(2004 年)	水质及水生态环境状况"中(相应水质为Ⅱ-Ⅲ类)"COD 降解值范围 0.18~0.25 d^{-1},氨氮降解值范围 0.15~0.2 d^{-1}。
		《全国水环境容量核定技术指南》(中国环境规划院,2003)	建议海河流域中,河南 K_{COD}、K_{NH_3-N} 分别为 0.05~1.07 d^{-1}、0.06~0.6 d^{-1}。
		《河南省重要江河湖泊水功能区纳污能力核定和分阶段限制排污总量控制方案实施细则》(河南省水利厅,2012)	淮河流域污染物降解系数采用《淮河流域及山东半岛水资源保护规划》研究成果,其中 K_{COD} =0.050+0.68u,$K_{氨氮}$ =0.061+0.55u;海河流域污染物综合降解系数 K_{COD} 取值在 0.03~0.19 d^{-1},平均为 0.10 d^{-1},$K_{氨氮}$ 取值在 0.02~0.22 d^{-1},平均为 0.11 d^{-1}。
		《河南省环境容量研究报告》(河南省环境保护科学研究院,2010)	研究机构通过整理淮河、黄河流域水质监测站点实际水质监测情况,确定淮河流域 K_{COD} 取值在 0.1~0.2 d^{-1},黄河流域 K_{COD} 取值在 0.1~0.15 d^{-1};氨氮降解系数较小,不予考虑。
		《河流水质水量综合评价方法研究》	对淮河中游河段试验断面的计算结合淮河干流综合降解系数的评定范围,最终确定 $K_{氨氮}$ = 0.139 d^{-1};K_{COD} = 0.134 d^{-1}。

根据以上科学研究、专题分析中降解系数的研究成果及取值情况,并结合河段实际情况,汾(泉)河保守考虑降解系数 COD0.05 d^{-1},氨氮 0.06 d^{-1}。

清水河河水主要为商水县和周口市沙南片区污水处理废水的纳污河流,经处理后污水处理站尾水生化性较差,因此考虑清水河 COD、氨氮的降解系数为 0 d^{-1}、0 d^{-1};由于南干渠和长虹运河是人工开挖的河道,因此南干渠段和长虹运河段按照保守考虑降解系数为 0 d^{-1}。见表 5-23。

表 5-23　降解系数取值一览表

河流	长度/km	降解系数/d⁻¹	
		COD	氨氮
南干渠	23.5	0	0
清水河	12.1	0	0
长虹运河	18.7	0	0
汾(泉)河	43.4	0.05	0.06

3. 控制目标

根据"周口市人民政府关于印发周口市'十四五'水安全保障和水生态环境保护规划的通知周政〔2022〕36 号"文件,2025 年汾(泉)河老沈丘泉河桥断面要达到 III 类标准。因此本次容量测算控制断面汾(泉)河老沈丘泉河桥断面按照 III 类(COD 20 mg/L、氨氮 1 mg/L)标准控制。

(四)背景浓度

项城齐坡断面、汾(泉)河老沈丘泉河桥断面 2020 ~ 2023 年现状值部分月份存在超标现象。若取 2020 ~ 2023 年最大月均值(COD 23.6 mg/L、氨氮 0.51 mg/L),则人工湿地尾水入南干渠处至汾(泉)河老沈丘泉河桥国控断面河流单元无环境容量。

根据原国家环境保护总局办公厅印发《淮河流域城市水环境状况公告办法(试行)》,附件"城市水环境质量目标控制断面考核评价方法"中明确"对设有水质自动监测站的跨界断面,以每年各月监测数据的周均值计算月平均值作为考核依据";根据《地表水环境质量评价办法(试行)》,"全国地表水环境质量年度评价,以每年 12 次监测数据的算术平均值进行评价,对于少数因冰封期等原因无法监测的断面(点位),一般应保证每年至少有 8 次(含 8 次)的监测数据参与评价。"因此,本次水环境容量测算汾(泉)河老沈丘泉河桥国控断面背景浓度取 2020 ~ 2022 年年均值的最大值(COD 18.1 mg/L、氨氮 0.24 mg/L)和比较保守情况 2020 ~ 2022 年月均值 90% 百分位数(COD 18.2 mg/L、氨氮 0.28 mg/L)。见表 5-24。

表 5-24　情景设置

情景	老沈丘泉河桥断面现状背景值	备注
情景 1	COD 18.1 mg/L、氨氮 0.24 mg/L	取 2020 ~ 2022 年均值中的最大值
情景 2	COD 18.2 mg/L、氨氮 0.28 mg/L	取 2020 ~ 2022 年月均值 90% 百分位数

(五)测算结果

根据测算公式进行计算,当汾(泉)河老沈丘泉河桥国控断面背景浓度取 2020 ~ 2022 年年均值的最大值(COD 18.1 mg/L、氨氮 0.24 mg/L)时,人工湿地尾水入南干渠处至汾(泉)河老沈丘泉河桥国控断面河流单元环境容量为 COD 1036.8 t/a,氨氮 51.84 t/a;当汾(泉)河老沈丘泉河桥国控断面背景浓度取 2020 ~ 2022 年月均值 90% 百分位数(COD

18.2 mg/L、氨氮 0.28 mg/L)时,人工湿地尾水入南干渠处至汾(泉)河老沈丘泉河桥国控断面河流单元环境容量为 COD 979.2 t/a,氨氮 48.96 t/a。见表 5-25。

表 5-25 水环境容量测算结果

情景	核算单元	环境容量
情景 1	南干渠废水排水口-汾(泉)河老沈丘泉河桥断面	COD 1036.8 t/a,氨氮 51.84 t/a
情景 2	南干渠废水排水口-汾(泉)河老沈丘泉河桥断面	COD 979.2 t/a,氨氮 48.96 t/a

二、可利用环境容量

(一)区域新增污染源

由于商水县污水处理厂、周口沙南污水处理厂现状排水已经包含在现状背景值中,本次考虑周口沙南污水处理厂、商水县污水处理厂在 2025 年达到满负荷运行,周口沙南污水处理厂将比现在增加 2 万 m³/d 废水,商水县污水处理厂将比现在增加 0.7 万 m³/d 废水。

按照周口沙南污水处理厂 2022 年 1 月至 2023 年 9 月排污许可执行报告资料,周口沙南污水处理厂 COD、氨氮排放月平均浓度最大值 COD 32 mg/L,氨氮 0.68 mg/L 进行核算,沙南污水处理厂将增加总量 COD 233.6t/a,氨氮 4.96 ta。

商水县污水处理厂,按照尾水 COD、氨氮排放标准(COD 50 mg/L,氨氮 5 mg/L)进行核算,商水县污水处理厂将增加总量 COD 127.8 t/a,氨氮 12.78 t/a。

(二)可利用环境容量

扣除沙南污水处理厂和商水县污水处理厂在 2025 年增加总量后,水环境容量及可承载印染废水量见表 5-26。

表 5-26 水环境容量测算结果

情景	环境容量/(t/a)		可承载废水量/(万 m³/a)
	COD	氨氮	
情景 1	675.4	34.1	2251
情景 2	617.8	31.22	2059

备注:可承载废水量为可承载按照Ⅳ类(COD 30 mg/L,氨氮 1.5 mg/L)水质排放印染废水的废水量。

由上表可知,当汾(泉)河老沈丘泉河桥国控断面背景浓度取 2020～2022 年年均值的最大值(COD 18.1 mg/L、氨氮 0.24 mg/L)时,人工湿地尾水入南干渠处至汾(泉)河老沈丘泉河桥国控断面河流单元可用水环境容量 COD 675.4 t/a,氨氮 34.1 t/a,可承载印染废水量 2251 万 m³/a;当汾(泉)河老沈丘泉河桥国控断面背景浓度取 2020～2022 年月均值 90% 百分位数(COD 18.2 mg/L、氨氮 0.28 mg/L)时,人工湿地尾水入南干渠处至汾(泉)河老沈丘泉河桥国控断面河流单元可用水环境容量 COD 617.8 t/a,氨氮 31.22 t/a,

可承载印染废水量 2059 万 m³/a。

三、园区印染规模核算

据中国纺织建设规划院测算分析,水环境容量是产业园生产要素保障的最大限制因素。根据测算方式不同,示范园产能规模有合规下限值、行业预测值、前瞻上限值三个取值,其中行业预测值 32 亿米具备现实可行性,前瞻上限值 45 亿～50 亿米实现具有较大难度。

合规下限值:产业取、排水量按现行标准、规范的较严值,示范园可承载印染产能 18.9 亿～26.0 亿米,考虑产品方案后取值 22.0 亿米,约占全省市场需求的 25.0%。

行业预测值:根据商水县现有印染企业环境影响评价文本中的排水量,结合我国印染行业的实际排水量,产业取、排水量按现行标准、规范较严值的 70%,在此基础上,示范园可承载印染产能 27.0 亿～37.1 亿米,考虑产品方案后取值 32.0 亿米,约占全省市场需求的 36.3%。

前瞻上限值:考虑行业技术进步,突出园区先进示范引领作用,产业取、排水数据按现行标准、规范较严值的 60%,并实现无水、少水等先进新技术在园区内普及应用,在此基础上,示范园印染产能可达 45 亿～50 亿米,约占全省市场需求的 51.1%～56.8%,实现具有较大难度。

四、关注点

根据《全国水环境容量核定技术指南》,本次放宽条件取汾(泉)河近 10 年最枯季平均流量 2.13 m³/s,在背景浓度取 2020～2022 年年度月均值中的最大值和 2020～2022 年月均值 90% 百分位数条件下,南干渠废水排水口-汾(泉)河老沈丘泉河桥断面可承载印染废水量分别为 2251 万 m³/a 和 2059 万 m³/a。该两种情景下水环境容量接近。在汾(泉)河近 10 年最枯季平均流量 2.13 m³/s 的情境下进行预测,实际上是考虑汾(泉)河枯水期上游来水基本以污水处理厂尾水为主,不考虑存在天然径流稀释削减作用,是基于沙南污水处理厂及商水县污水处理厂稳定运行情况下的水环境容量,该情景下游断面水质与沙南污水处理厂及商水县污水处理厂污水排放水质相关性很强,一旦沙南污水处理厂及商水县污水处理厂污水排放出现超标排放等异常情况,下游河流断面超标风险较大。面对汾(泉)河日益严格的断面地表水考核要求,需要尽可能地对沙南污水处理厂及商水县污水处理厂尾水处理进行提标,并保证持续稳定达标排放。

第五节 水环境分区管控优化策略

一、河南(周口)绿色印染示范产业园与生态环境分区管控相符性分析

(一)与省辖淮河流域管控要求相符性分析

河南(周口)绿色印染示范产业园与省辖淮河流域管控要求相符性分析详见表5-27,结果表明,河南(周口)绿色印染示范产业园与省辖淮河流域管控要求相符。

表5-27　与省辖淮河流域管控要求相符性分析一览表

管控维度	管控要求	园区情况	相符性
空间布局约束	①禁止在淮河流域新建化学制浆造纸企业,以及新建制革、化工、印染、电镀、酿造等污染严重的小型企业。②严格落实南水北调干渠水源地保护的有关规定,避免水体受到污染。	①园区规划不建设化学制浆造纸企业;规划要求建设印染企业为规模针织印染企业生产规模原则上不低于2万t/a,机织印染企业生产规模原则上不低于2亿米/年不属于小型企业。②规划不涉及南水北调干渠水源地。	相符
污染物排放管控	①严格执行洪河、惠济河、贾鲁河、清潩河流域水污染物排放标准,控制排放总量。②推进城镇污水处理厂建设,提升污水收集效能。加强农业农村污染防治,以乡镇政府所在地、南水北调中线工程总干渠沿线村庄为重点,梯次推进农村生活污水治理;加快推进畜禽粪污资源化利用。	①园区企业严格执行水污染物排放标准,控制排放总量。②规划区内建设有城镇污水处理厂,生活污水进入污水处理厂进行处理。加强农业农村污染防治。	相符
环境风险防控	①以涡河、惠济河、包河、沱河、浍河等河流跨省界河段为重点,加大跨省界河流污染整治力度,推进闸坝优化调度。②对具有通航功能的重点河流加强船舶污染物防控,防止事故性溢油和操作性排放的油污染。	规划区不涉及上述重点跨省河流河段及通航功能的河流。	相符
资源利用效率	①在提高工业、农业和城镇生活用水节约化水平的同时,提高非常规水利用率;重点抓好缺水城市污水再生利用设施建设与改造。②在粮食核心区规模化推进高效节水灌溉;实施工业节水减排行动,大力推进工业水循环利用,推进节水型企业、节水型工业园区建设。重点推进南水北调受水区地下水压采工作,加快公共供水管网建设,逐步关停自备井。	园区规划建设污水再生水厂,进行中水回用,提高水利用率,规划要求串联用水、分质用水、一水多用和梯级循环利用的原则提高水重复利用率,园区已实现集中供水。	相符

(二)与管控单元管控要求相符性分析

河南(周口)绿色印染示范产业园所在管控单元为 ZH41162320002 商水经济技术开发区。相符性分析详见表5-28,结果表明,在落实各项环境保护措施的基础上,园区规划建设情况与 ZH41162320002 商水经济技术开发区管控单元管控要求基本相协调。

表5-28　与 ZH41162320002 商水经济技术开发区管控单元管控要求相符性分析一览表

管控维度	管控要求	园区情况	相符性
空间布局约束	①严格落实国家和河南省"两高"项目相关要求,严格执行有关行业产能置换政策,被置换产能及其配套设施关停后,新建项目方可投产。 ②入驻项目应符合园区规划或规划环评的要求。严格落实规划环评及批复文件要求,规划调整修编时应同步开展规划环评,调整结果以经过审批的规划及规划环评要求为准。 ③居住用地与工业用地之间应设置合理的防护距离,居住用地周边限制布局潜在污染扰民和环境风险突出的建设项目。 ④新建、改建、扩建"两高"项目须符合生态环境保护法律法规和相关法定规划,满足重点污染物排放总量控制、碳排放达峰目标、生态环境准入清单、相关规划环评和相应行业建设项目环境准入条件、环评文件审批原则要求。	①园区规划不涉及两高项目; ②园区建设符合园区整体规划及规划环评要求。 ③园区规划在居住用地与工业用地之间设置合理的防护距离; ④园区规划不涉及两高项目。	相符
污染物排放管控	①开发区内废水实现全收集、全处理,在不具备接入污水管网的区域,禁止入驻涉及废水排放的企业。配备污水处理厂、垃圾集中处理厂等设施。污水集中处理设施安装自动在线监控装置。污水处理厂尾水达到或优于《城镇污水处理厂污染物排放标准》(GB 18918—2002)一级 A 标准。具备条件的污水处理厂需建设尾水人工湿地。 ②建设印染项目必须满足周口市印染行业规划布点要求项目工艺技术装备及污染治理水平应达到同行业国内领先水平,否则禁止入驻。	①园区规划范围内废水实现全收集、全处理。 ②园区规划应满足周口市印染行业规划布点要求,要求拟入驻企业工艺技术装备及污染治理水平应达到同行业国内领先水平。	相符

续表 5-28

管控维度	管控要求	园区情况	相符性
	③涉气企业加强废气收集、处理,外排废气要达到国家或地方排放标准,二氧化硫、氮氧化物、颗粒物、VOCs 全面执行大气污染物特别排放限值。新、改、扩建设项目主要污染物排放应满足总量减排要求。涉水企业加强废水收集、处理,外排废水要达到国家或地方排放标准。 ④新建"两高"项目应按照《关于加强重点行业建设项目区域削减措施监督管理的通知》要求,依据区域环境质量改善目标,制定配套区域污染物削减方案,采取有效的污染物区域削减措施,腾出足够的环境容量。 ⑤新、改、扩建项目主要污染物排放应满足总量减排要求。新建耗煤项目还应严格按规定采取煤炭消费减量替代措施,不得使用高污染燃料作为煤炭减量替代措施。 ⑥已出台超低排放要求的"两高"行业建设项目应满足超低排放要求。	③园区规划要求园区内企业废气收集、处理,外排废气要满足相关标准要求,二氧化硫、氮氧化物、颗粒物、VOCs 全面执行大气污染物特别排放限值,新、改、扩建设项目主要污染物排放应满足总量减排要求。入园企业废水全收集、全处理,外排废水要满足相关标准要求。 ④园区规划不涉及"两高"项目。 ⑤园区规划要求入园企业主要污染物排放应满足总量减排要求,不涉及新建耗煤项目。 ⑥园区规划不涉及"两高"行业项目。	相符
环境风险防控	①建立健全环境风险防控体系,制定环境风险应急预案,建设突发事件应急物资储备库,成立应急组织机构。 ②开发区污水集中处理设施应合理设置事故水池,防范印染废水事故性排放;在相关污水处理设施建成前,禁止入驻印染项目,按照环境应急预案管理要求,相应企业应编制环境应急预案及备案。 ③项目环境风险半致死浓度范围内涉及未搬迁村庄等环境敏感点的项目,禁止入驻,项目环境风险防范措施未严格按照环境影响评价文件要求落实的,应停产整改。	①规划要求开发区及进入开发区企业建立健全环境风险防控体系,制定环境风险应急预案,建设突发事件应急物资储备库,成立应急组织机构。 ②园区污水处理厂设置了事故池,目前已建成。 ③园区规划要求入园企业严格落实该项要求。	相符
资源利用效率	①开发区污水处理厂建设再生水回用配套设施,提高再生水利用率。 ②逐步关停自备水井。 ③严格地下水管理,加强取水许可和计划用水管理,严格实行产业准入制度,严格控制新建、扩建、改建高耗水项目。	①园区将逐步提升再生水利用率; ②园区规划工业用水水源为地表水、中水、自来水,生活用水采用市政供水。	相符

二、水环境分区管控优化策略

(一) 细化环境管控单元划分

根据商水经济技术开发区的地理位置、水生态环境现状和未来发展规划，结合开发区中不同产业园区分布情况、主导产业类型、企业集聚情况，可进一步细化生态环境管控单元。如河南(周口)绿色印染示范产业园主导产业与开发区内其他园区不同，且规划印染企业均入驻本园区，可将河南(周口)绿色印染示范产业园单独划定为一个重点管控单元。

(二) 优化生态环境准入清单

制定差异化(个性化)准入要求，根据不同管控单元的水生态环境特点和承载能力，制定差异化的水生态环境准入清单。清单应明确各单元内允许开展的生产活动、废水排放标准、允许排放量、水资源利用效率等要求。

对进入园区的印染项目，严格按照水生态环境准入清单进行审批。对不符合准入要求的项目，一律不予批准入园。

(三) 加强水生态环境监管和治理

建立健全园区水生态环境监管体系，明确监管职责和分工，加强对园区内废水排放的在线监测和现场检查，确保废水达标排放。

鼓励园区内印染企业采用先进的废水处理技术和工艺，提高废水处理效率，支持企业开展中水回用技术改造，减少废水排放量。

实施生态修复，加强园区绿化和生态建设，提高园区整体生态环境质量。

(四) 推动园区绿色低碳发展

鼓励园区内印染企业采用绿色、低碳的生产技术和工艺，降低能耗和排放；支持企业开展清洁生产审核和环保标志产品认证，提升产品环保性能。

加强资源循环利用，推进园区内水资源、能源和原材料的循环利用，提高资源利用效率；支持企业开展废水、废渣等废弃物的资源化利用，减少环境污染。

(五) 强化政策引导和支持

政府应出台相关扶持政策，鼓励园区内印染企业开展水生态环境保护和治理工作，对在废水治理、资源循环利用等方面取得显著成效的企业给予奖励和补贴。

加大对园区水生态环境保护和治理工作的宣传力度，提高企业和公众的环保意识，通过举办培训班、研讨会等活动，推广先进的废水治理技术和经验。

(六) 加强科技支撑和创新能力建设

积极引进国内外先进的废水治理技术和设备，提升园区废水治理水平，鼓励企业与高校、科研机构等开展产学研合作，共同研发新技术、新工艺。

加强园区内废水治理专业人才的培养和引进，提高园区废水治理队伍的整体素质，通过开展技术培训和交流活动，提升园区内废水治理人员的专业技能和管理水平。

第六章

淮河流域典型区域——虞城县电镀生态园水环境分区管控优化策略研究

第一节　虞城县电镀生态园概况

一、虞城县电镀生态园建设历程

虞城县电镀生态园位于商丘市虞城高新技术产业开发区东南部,由商丘市海博环保科技有限公司投资建设运行。2011 年,河南省为促进区域电镀行业可持续发展,按照集中整治、统一治污、切实改善环境质量的原则,各地人民政府在区域内开展清理取缔非法小电镀综合整治专项行动,同时为保证区域经济的可持续发展,由政府牵头,支持通过上大压小,促进区域电镀产业实现环保化、集中化、自动化的绿色发展,进而推动地方制造业的健康发展。

虞城县于 2011 年 8 月,依法关停 37 家小电镀企业,商丘市海博环保科技有限公司为满足当地五金工具企业及周边县市对电镀表面处理企业的需求,于 2015 年投资建设了虞城县电镀生态园。

2016 年 1 月 29 日,《河南省环境保护厅关于商丘市海博环保科技有限公司虞城县电镀中心项目环境影响报告书的批复》(豫环审〔2016〕76 号),通过了虞城县电镀生态园一期项目"虞城县电镀中心项目"。2021 年 6 月 11 日,《河南省生态环境厅关于商丘市海博环保科技有限公司虞城县表面处理生态园区项目环境影响报告书的批复》(豫环审〔2021〕14 号),通过了虞城县电镀生态园二期项目"虞城县表面处理生态园区"。2024 年 1 月 16 日,《河南省生态环境厅关于商丘市海博环保科技有限公司虞城县电镀中心项目(变更)环境影响报告书的批复》(豫环审〔2024〕1 号),通过了虞城县电镀生态园一期项目"虞城县电镀中心项目(变更)"。虞城县生态电镀园位置示意图见二维码。

虞城县生态电镀园位置示意图

二、虞城县电镀生态园工程概况

(一)一期项目

一期项目厂区主体构筑物已建成,建设的生产线共计41条:4条镀锌线、13条镀铬线和24条镀镍线,由于市场原因,第一阶段验收的生产线共计30条:4条镀锌线、13条镀铬线和13条镀镍线,日处理能力约为0.953万m^2,其中镀锌0.2万m^2、镀铬0.406万m^2、镀镍0.347万m^2,配套的污水处理站已建成,该污水处理站的处理能力是针对一期项目满负荷状态下的废水量。一期项目工程建设情况详见表6-1。

表6-1 虞城县生态电镀园一期项目建设内容一览表

工程类型		建设内容及环保设施情况
主体工程		4条镀锌线已经全部建成,分别位于1#、2#、3#和13#厂房内,各厂房内占用1个车间。
		研磨车间已建成,并投入使用。
		已建24条镀镍线,除14#厂房外,其余厂房均有分布,还有6条镀镍线未建设,其中4条镀镍线不再建设,拟变更为PCB板电镀、镀铂和镀铅,另外2条镀镍线后续拟建设在13#厂房;镀镍线后的电泳工序不再建设,拟改为4条独立电泳线。已建13条镀铬线,分别位于1#~4#厂房、10#~11#、14#和16#厂房,还有3条镀铬线未建设,后续拟建设在4#和12#厂房内。
辅助工程	办公楼	已建,位于污水处理站一楼北侧。
储运工程	物料仓库	已建,化学药品原料仓库位于污水处理站内,30 t硫酸储罐2个,1用1备,30 t HCl储罐2个,1用1备。
公用工程	纯水制备	已建1套纯水制备系统35 t/h。
	化验室	已建化验室一座,位于污水处理站内。
	配电所、空压站、消防水泵房	已建。
	燃气锅炉	已按环评阶段设计内容建设完成。

续表6-1

工程类型		建设内容及环保设施情况
环保工程	污水处理站:含镍废水处理系统500 t/d,含铬废水处理系统700 t/d,高浓度废水处理系统400 t/d,含氰废水处理系统350 t/d,其他废水预处理系统1300 t/d,高COD废水处理系统800 t/d,研磨废水处理系统200 t/d,综合废水处理系统2400 t/d,中水回用处理系统1000 t/d,MVR 70 t/d	含镍废水经"混凝沉淀+电化学+混凝沉淀+RO"工艺处理后,清水去1#中水池,回用于镀镍工段清洗,浓水去高浓度废水收集池。
		含铬废水经"还原反应+二级混凝沉淀+RO"工艺处理后,清水去2#中水池,回用于镀铬工段清洗,浓水去高浓度废水收集池。
		高浓度废水经含铬废水和含镍废水处理后的浓水去"芬顿反应+混凝沉淀+电化学+混凝沉淀+粉焦滤膜+软化器+保安过滤+RO+高压RO"处理后,清水去3#中水池,回用于退镀工段,浓水进MVR蒸发结晶,污凝水去3#中水池,回用于退镀工段,结晶盐委外*。
		含氰废水经"调节pH+二级破氰+混凝沉淀"工艺预处理后去综合废水收集池。
		高COD废水经"隔油池+芬顿反应+混凝沉淀"工艺预处理后,去综合废水收集池。
		研磨废水经"隔油池+破乳+压滤机"预处理后压滤液去高COD废水收集池。
		其他生产废水经"混凝沉淀"工艺预处理后,与预处理后的高COD废水、研磨废水、含氰废水一起去综合废水池,经"电化学+混凝反应+沉淀+砂滤+A/O生化"工艺处理,部分经中水回用系统处理后暂存于4#中水回用池,回用于前置工段,部分外排生产废水经树脂吸附保障系统处理后,铬、镍稳定在检出限以下达标排放。
	废气处理设施	已建生产线配套的废气治理设施均已建成,HCl和硫酸雾废气采用2级碱液中和塔处理后达标排放;铬酸雾经回收+碱液喷淋装置净化后达标排放;氰化氢经二级喷淋氧化塔处理后达标排放,污水处理站建设一套酸雾废气处理设施和一套含氰废气处理设施,处理后废气达标排放。
	危废库	已建成2000 m² 的危废库,位于污水处理站内,污泥烘干设施不再建设。
风险	事故池	各车间内设置有备用空槽,各栋厂房外设置有应急暂存罐,污水处理站内设置4座事故池,容积分别为350 m³、450 m³、2000 m³ 和30 m³,前期雨水收集池(兼做消防事故废水池)4500 m³。

注: * 委外指委托外部有资质单位处理。

目前一期项目污水处理站各类废水处理系统、综合废水处理系统、中水回用系统、树脂吸附保障系统均已落实到位,已建41条生产线配套的废气治理设施也落实到位,其中30条生产线已完成第一阶段验收。

一期项目生产废水共分为8类,分别为含铬废水、含镍废水、含氰废水、含铜废水、含锌废水、酸碱废水、高COD废水和研磨废水等,其中含铬废水和含镍废水单独收集、单独处理后,分质回用;含铬废水和含镍废水处理过程中产生的高浓废水经处理后回用于退镀工序清洗用水,含铬废水和含镍废水做到全部回用不外排;其他废水分别经预处理后去综合废水收集池,经"电化学一体机+混凝沉淀+砂滤+A/O生化"处理后,部分经"树脂吸附保障系统"处理后去生产废水排放口,部分去"中水回用处理系统"处理后回用于前处理工序,外排废水执行《电镀污染物排放标准》表2排放限值及环评批复要求。

(二)一期项目变更

随着虞城县高新技术开发区主导产业的调整,新增"装备制造"业,商丘市海博环保科技有限公司现有镀种不能满足集聚区入驻的企业对电镀的需求,建设单位为推动当地经济发展,增强集聚区与企业自身的竞争力,根据市场需求,对一期项目部分未建生产线进行变更,进而完善电镀园区镀种类型。一期项目具体变更内容如下:

(1)将4条镀镍线变更为2条PCB板电镀线、1条镀铂线和1条镀铅线,PCB板电镀线与镀镍线对比,增加了前处理喷砂与贴蓝胶工序、铬钝化工序变更为镀金工序、后处理增加了去蓝胶工序;镀铂线是在镀镍后增加镀铂工序,镀铅线为连续镀铅,无需打底,经除油、酸洗、活化后直接镀铅。变更的电镀生产线均置于16#厂房内。

(2)原环评中镀镍线配套的电泳工序不再建设,变更为独立电泳生产线,利用10#厂房建设4条电泳生产线,电泳工艺为"二级脱脂+水洗+表调+磷化+水洗+阴极电泳+二级UF超滤+水洗+烘干"。

一期项目变更后除原有的镀锌、镀铬、镀镍三大类镀种外,新增PCB板电镀镍金、镀铂、镀铅(连续镀)和电泳,全厂产生的废气有硫酸雾、铬酸雾、盐酸雾、氰化氢、有机废气、天然气燃烧烟气等;产生的废水以生产工段及污染物种类进行分类收集,主要分为含铬(六价铬)废水、含镍废水、含铅废水、含氰废水、其他废水(包括含铜废水、含锌废水、酸碱废水等废水)、磷化废水、研磨废水、高COD废水、生活污水及清下水等,按照"雨污分流、清污分流、污污分治、深度处理、分质回用"的原则,项目含铅废水经车间处理设施处理后回用于车间内镀铅后水洗工段,车间内循环利用不外排;含铬废水、含镍废水分类收集至污水处理站处理后、分质回用,不外排;含氰废水单独收集,经"二级破氰+混凝沉淀"预处理后去综合废水收集池;研磨废水经"酸析+破乳+压滤"等预处理后,压滤液与高COD废水一起经"芬顿氧化、混凝沉淀"等工艺预处理,预处理后去综合废水收集池;磷化废水经二级混凝沉淀预处理后去综合废水池;酸碱废水、含铜废水、含锌废水、地面拖洗等其他废水经"混凝沉淀"预处理后去综合废水池,综合废水经"电化学+混凝沉淀+砂滤+A/O生化"处理后,部分去中水回用处理系统(中水回用处理系统的浓水去外排生产废水暂存池,清水回用于前处理工序),部分去外排生产废水暂存池,与生活污水、清下水一起经厂区总排口去虞城县污水处理厂进一步处理。

废水分类收集、分质处理、单独回用的原则不变,含重点控制重金属镍、铬废水在厂内深度处理后分类回用,实现零排放,其他废水经处理后尽量回用,不能回用的外排至虞城县污水处理厂进一步处理。

变更后一期项目含氰废水、高COD废水和其他废水预处理设施排放口处一类污染

物总铬、总镍、总铅均能满足《电镀污染物排放标准》（GB 21900—2008）中表 2 浓度限值要求;其他污染物在厂区总排口排放浓度均满足企业与虞城县污水处理厂商定的进水水质要求和《电镀污染物排放标准》（GB 21900—2008）表 2 排放限值要求（其中 COD、氨氮、SS、TP、TN 排放控制要求执行企业与虞城县污水处理厂商定的排放限值要求）。变更后一期项目符合《河南省电镀建设项目环境影响评价文件审查审批原则（修订）》、《关于进一步加强重金属污染防控的意见》（环固体〔2022〕17 号）、《河南省进一步加强重金属污染防控工作方案》（豫环文〔2022〕90 号）等重金属污染防控相关文件要求。

（三）二期项目

二期项目涉及镀金（含挂镀和连续镀）、镀银（挂镀）、镀铜锌锡（挂镀）、阳极氧化（挂镀）和镀镉（挂镀）等 5 类新的表面处理生产线,扩建完成后商丘市海博环保科技有限公司全厂共计拥有 101 条表面处理生产线,涉及镀锌、镀铬、镀镍、镀金、镀银、镀铜锌锡、阳极氧化和镀镉线等 8 个类型表面处理生产线。

二期项目主要建设内容为 8 座生产厂房（标号分别为 5#、6#、7#、8#、9#、17#、18#、19#）和 1 座污水处理站。目前二期项目 8 座厂房及污水处理站的构筑物已经建成,生产线及配套设施均未建设。

二期项目共计 12 类生产废水,对各类生产废水采取分类收集、处理,各电镀废水均采用防腐防渗收集池收集,地面拖洗废水与酸碱废水等一起去混凝沉淀预处理设施,生活污水和纯水制备废水直接经厂区污水总排口去虞城县污水处理厂。根据《河南省电镀建设项目环境影响评价文件审查审批原则要求（试行）》中水污染防治要求:按照"雨污分流、清污分流、污污分治、深度处理、分质回用"的原则,设计项目排水系统及废水处理处置方案,各类含重金属和含氰废水均单独收集、单独处理;含重点控制重金属铬、镍、铅、镉的电镀废水全部回用,实施零排放。

根据二期项目废水特点及河南省关于电镀行业涉重金属废水排放的管理要求,结合其自身污水处理经验,本着废水"清污分流、分质收集、分质处理、分质回用"的"四分"原则,新建污水处理站拟建设 8 套生产废水预处理系统、1 套封孔废水处理系统、1 套中水回用系统（粉焦滤膜+反渗透）、1 套综合废水处理系统（电化学+混凝沉淀+砂滤）,所有外排生产废水最后进 A/O 生化+树脂吸附保障系统处理后去厂区总排口,其中 MVR、AO生化、树脂吸附保障系统均依托现有一期工程。

生产废水经厂内污水处理站处理达标后,与生活污水、纯水制备废水一起经厂区总排口排入虞城县污水处理厂进一步处理,水质满足虞城县污水处理厂工业污水进水水质要求和《电镀污染物排放标准》（GB 21900—2008）表 2 排放限值要求。

第二节　虞城县电镀生态园地表水输入响应关系及水质现状

一、虞城县电镀生态园废水排放路线

虞城县电镀生态园污水经园区污水处理设施处理后排入虞城县污水处理厂,虞城县

污水处理厂位于至信三路和 S208 交叉口处,分三期建设,分别是第一污水处理厂、第二污水处理厂、第三污水处理厂,现状处理能力为 10 万 t/d,其中第一污水处理厂和第二污水处理厂合并运营处理规模为 5 万 t/d,第三污水处理厂处理规模为 5 万 t/d。电镀生态园污水经虞城县污水处理厂进一步处理后排入中心干渠,经运粮河后排入沱河,最终到达沱河老杨楼断面出虞城县境,全程约为 17.5 km。

电镀生态园为虞城县高新技术开发区一部分,为满足虞城县高新技术开发区产业发展需要,开发区管委会建设了虞城县第四污水处理厂,根据《虞城县第四污水处理厂项目环境影响报告书》,其属于工业污水处理厂,建设单位为"虞城县高新技术产业开发区管理委员会"。项目建设地点位于商丘市虞城县至诚五路与中央景观道交叉口西南侧,采用一次设计,分期实施模式,污水处理工程设计总规模为 6 万 m³/d,一期工程建设规模 2 万 m³/d,一期工程已于 2023 年 2 月开工建设,预计 2025 年建成。

具体排水路线详见图 6-1。

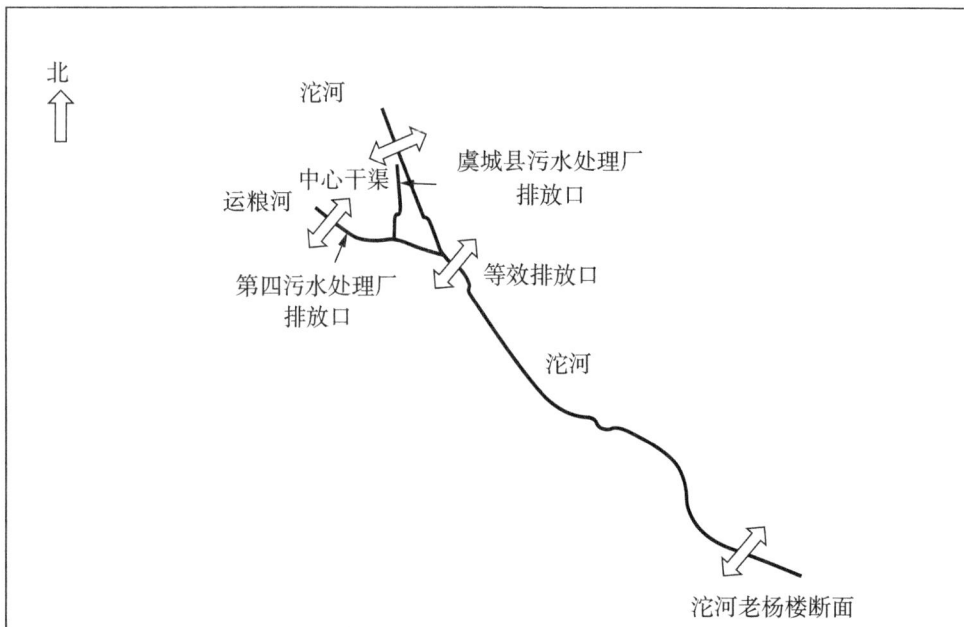

图 6-1 园区废水排放路线示意图

二、流域概况

中心干渠:中心干渠是河南"新三义寨引黄灌区骨干工程"组成的一部分,其北起自黄河故道,经利民古镇,从县城东侧流经,在县城东南侧与响河交汇后继续向南经刘店、杜集,于界沟镇汇入包河。中心干渠主要用于引黄灌溉、补源和汛期排涝。

运粮河:运粮河为沱河支流,位于虞城县县城南侧,主要功能是排涝。

沱河:响河即沱河,流经虞城县县城,发源于黄河故道南侧的梁园区刘口乡西南朱楼村,属季节性河流。在永城县小李庄入皖境,豫皖边界以上河长 125.6 km,流域面积

2358 km²;河长 30 km,流域面积 151 km²。据沱河永城水文站资料统计,沱河永城水文站多年平均流量 1.16 m³/s,历史最大流量 671.0 m³/s。虞城县区域地表水系图见二维码。

虞城县区域地表水系图

三、水质目标

虞城县电镀生态园废水流经中心干渠、运粮河、响河(沱河),相关河段设置有断面的为沱河,沱河老杨楼断面水质目标为Ⅳ类。

四、水环境质量现状

根据 2020—2023 年和 2024 年 1~6 月的沱河老杨楼断面的监测数据,沱河老杨楼断面水环境质量正在不断好转,2023 年 6 月至 2024 年 6 月,除 2023 年 11 月氨氮不满足Ⅳ类标准以外,其他月份的 COD 和氨氮均满足《地表水环境质量标准》(GB 3838—2002)Ⅳ类标准。每年 6~9 月份汛期,COD 和氨氮满足Ⅳ类标准,总磷不满足Ⅳ类标准,为Ⅴ类和劣Ⅴ类。具体监测数据见表 6-2。

表 6-2 沱河(响河)老杨楼断面 2020—2024 年 6 月监测数据

监测时间	化学需氧量/(mg/L)				
	2020 年度	2021 年度	2022 年度	2023 年度	2024 年
1 月	24.8	29.4	21.4	22.6	23.3
2 月	24.9	30.2	21.6	21.7	21.6
3 月	27.7	27.9	26.5	25	20.8
4 月	27.1	27.9	26.8	24.5	22.6
5 月	29.9	30	27.4	25	22.3
6 月	29.9	28.3	33.3	24.5	24
7 月	28.6	28.5	28.7	27.6	—
8 月	29	26.5	29.7	27	—
9 月	29.7	29.6	25.4	24.4	—
10 月	30.7	29.6	23.3	24.3	—
11 月	25.8	24.1	22	24.5	—
12 月	28.8	22.3	21.1	22.5	—

续表6-2

监测时间	氨氮/（mg/L）				
	2020年度	2021年度	2022年度	2023年度	2024年
1月	1.08	0.34	0.62	1.47	0.6
2月	0.38	0.29	0.22	0.72	0.46
3月	0.17	0.23	0.12	0.28	0.31
4月	0.14	0.38	0.26	0.23	0.17
5月	0.33	0.45	0.53	0.5	0.27
6月	2.7	0.42	1.19	0.88	0.3
7月	2.21	1.04	2.52	1.34	—
8月	4.2	1.35	1.44	1.28	—
9月	2.88	2.41	1.4	0.4	—
10月	1.62	2.69	0.46	0.55	—
11月	0.46	1.4	0.76	1.78	—
12月	0.54	0.82	1.03	0.9	—
监测时间	总磷/（mg/L）				
	2020年度	2021年度	2022年度	2023年度	2024年
1月	0.127	0.143	0.28	0.074	0.188
2月	0.143	0.129	0.08	0.084	0.214
3月	0.153	0.153	0.131	0.102	0.201
4月	0.186	0.181	0.162	0.104	0.187
5月	0.262	0.365	0.209	0.12	0.198
6月	0.256	0.243	0.464	0.128	0.211
7月	0.359	0.254	0.347	0.368	—
8月	0.584	0.351	0.241	0.439	—
9月	0.387	0.553	0.218	0.198	—
10月	0.305	0.41	0.118	0.121	—
11月	0.161	0.343	0.105	0.3	—
12月	0.174	0.189	0.113	0.187	—

沱河老杨楼断面水质变化情况见图6-2。

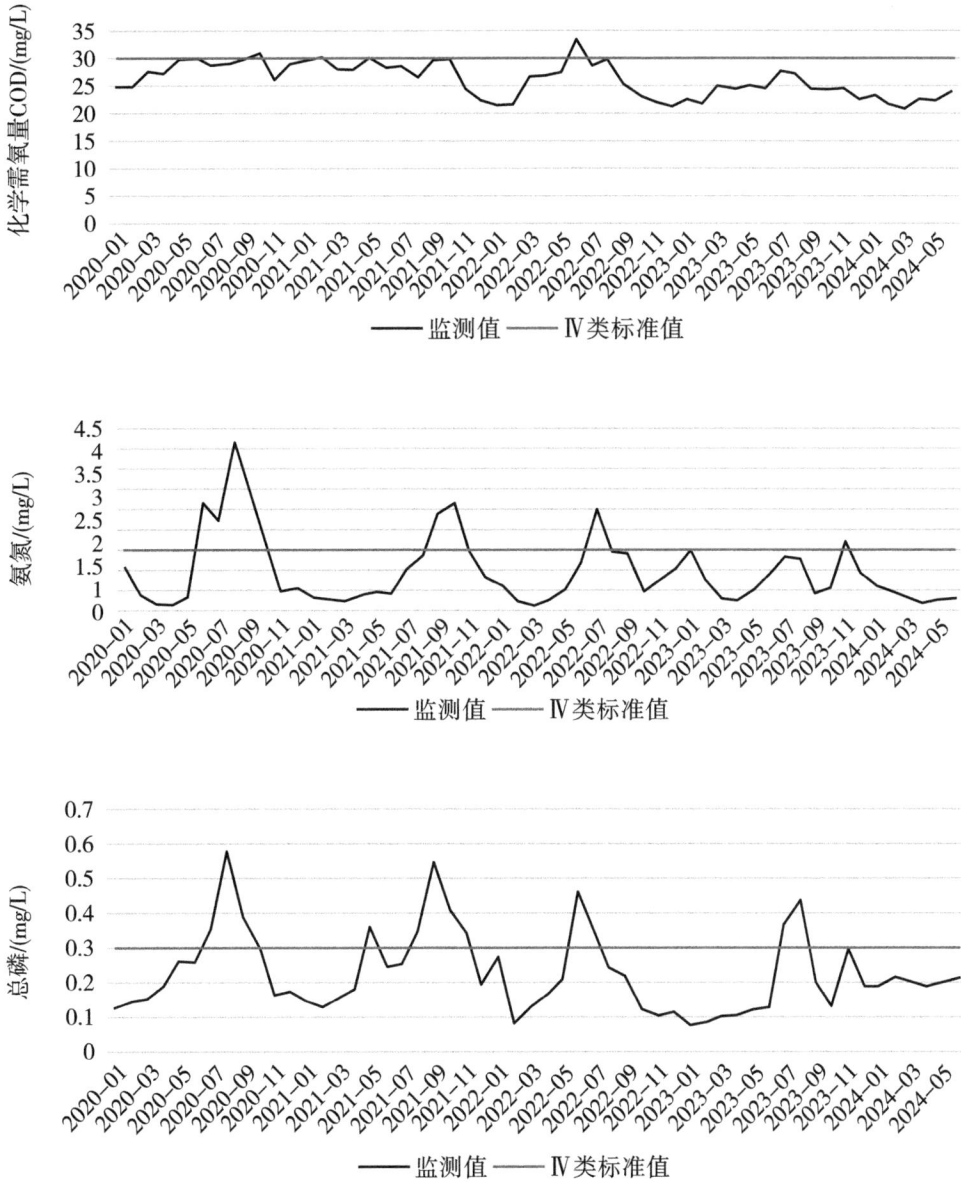

图6-2　沱河老杨楼断面水质变化图

第三节　虞城县电镀生态园地表水环境影响预测

一、园区排水状况

虞城县电镀生态园作为商丘市虞城高新技术产业开发区的一部分,本次地表水生态环境影响预测充分考虑开发区规划发展的影响。按照规划,开发区规划江浙大道北侧污水排入虞城县污水处理厂,江浙大道南侧食品产业园内污水排入虞城县第四污水处理厂。

(一)规划近期排水

规划范围内新增工业废水及生活污水量按照近期拟入驻项目进行核算,根据近期拟入驻项目清单,类比开发区内现有企业排污情况确定规划近期排水量,近期拟入驻项目新增废水排放情况见表6-3。

表6-3　规划拟建(含在建)项目新增废水排放情况一览表

序号	拟入驻项目	建设内容	用水量/(m^3/a)	排水量/(m^3/a)
1	高端装备高锂离子电芯生产基地项目	生产叠片工艺高容量大铝壳、小动力锂离子电芯,PACK一体化生产与销售。	10000	4500
2	虞城县零碳产业园区建设项目	主要建设厂房、新能源企业设备制造、办公科研楼、货储仓库、智能化厂区建设等。	4000	1500
3	河南九天封头制造有限公司年产20万吨高端装备封头项目	在现有车间内进行技术升级改造,主要生产各类封头,产品规模20万吨/年。	5000	4000
4	宇工机械扩建项目	压曲机的生产及维修。	4000	2880
5	河南轩骏汽车科技有限公司新建年产2000辆轻量化专用车项目。	建设完成年产2000辆轻量化集装箱运输专用半挂车项目	5500	4000
6	食品工业园建设项目(二期)	拟入驻生产豆芽、豆腐制品、腐竹制品、豆乳奶粉等企业,年产豆制品20万吨。	150000	88000
7	华昌食品项目	年屠宰生猪100万头和鸡鸭1200万只项目。	820000	740000
8	华源食品	肉食品生产加工项目。	3240	2520
9	河南好趣味食品有限公司年产70000吨玉米、锅巴、非油炸方便面项目	年产70000吨玉米、锅巴、非油炸方便面项目,主要安装食品全自动生产线4条。	50000	8000
10	商丘金稻农业发展有限公司投资建设虞城县农博城项目	农贸市场,农产品生产、销售、加工、贮藏、新鲜蔬菜批发等,年产农产品30万吨。	8000	5000

续表6-3

序号	拟入驻项目	建设内容	用水量/（m³/a）	排水量/（m³/a）
11	虞城县靖江市第二食品厂年产1万吨肉制品项目	年产1万吨肉脯、五香牛肉、酱牛肉、鸭、鹅等。	30000	20000
12	商丘瑞诚实业发展有限公司食品储存项目	新建标准化仓库，即食燕窝食品存储。	4000	3200
13	豫健医疗健康产业园项目	建设标准厂房、仓库、办公楼、综合楼、科研楼、电商物流配送中心等，年产医疗用品4万吨。	480000	380000
14	虞城县乔治白项目	主要建设生产厂房、加工车间、剪裁区、仓储区以及配套绿化等，智能生产线44条，年加工服装300万件。	5000	4000
15	金菊纺织项目	主要建设生产厂房、加工车间、仓储以及配套绿化等，年加工毛毯1000吨。	10000	8000
16	年产袜子3亿双生产建设项目	新建6条生产线及相关配套设备，配套建设钢结构厂房、研发楼、展销中心等附属设施。	50000	25000
17	能臣日化上海吉屋洗衣凝珠项目	公司主要产品涵盖家居清洁、皮具护理凝珠类洗涤用品。	20000	10000
18	韩式日用品项目	年产1.2万吨环保卫生用品。	4000	2000
19	冰清日用品项目	年产1.8万吨消杀用品和1万吨洗涤用品。	6000	3000
20	河南拓裕新材料科技有限公司雨衣面料生产项目	雨衣、帐篷、皮革面料生产、加工、销售，年加工雨衣面料3000万米。	912	576
21	嘉亿彩印包装项目	建设软包装区、瓦楞纸包装区、精品包装区、创意包装区、商务办公区、职工生活区、科研办公楼等。	10000	3000
22	商丘金象包装材料有限公司瓦楞纸板、纸箱生产项目	纸制品制造、瓦楞纸板、纸箱生产加工；年生产瓦楞纸板2.2亿平方米。	8640	5282
23	商丘市跨境电商产业园项目（一期）	主要建设仓储物流及配套生活服务设施。	10000	8000
24	极兔物流园项目	主要建设仓储、分拣中心等配套运营设施。	12000	9600
25	韵达分拨中心项目	主要建设智能化快递中心、智能化快运中心、供应链中心。	9000	7200

续表6-3

序号	拟入驻项目	建设内容	用水量/(m³/a)	排水量/(m³/a)
26	商东食品工业园冷链物流项目	主要建设基础厂房、标准化车间、冷库、智能化云仓以及配套附属设施设备。	8000	6400
27	天恒热力供热项目	2×30 t/h 供热燃气锅炉。	272803	8640
28	虞城县第四污水处理厂	在建 2 万 m³/d 污水处理规模,远期 6 万 m³/d。	——	——
	合计		2000095	1364298

至规划近期新增工业用水 200.01 万 m³/a、约 0.55 万 m³/d,新增排水量为 136.43 万 m³/a、约 0.37 万 m³/d。考虑规划存在不确定性,因此,按照排水量上浮10%考虑,则规划近期新增用水量为 220 万 m³/a、约 0.6 万 m³/d,新增排水量为 150 万 m³/a、约 0.41 万 m³/d。

(二)规划远期排水

规划远期用排水量估算采用占地用水指标法进行计算,根据规划新增用地面积和用水指标来核算远期用水量。同时,根据相关地块废水产污系数来核算远期新增废水排放量,详见表6-4。

表6-4　规划远期排水量预测一览表

类别名称	面积/hm²		新增用地 /hm²	用水指标/ [m³/(hm²·d)]	新增用水量/(m³/d)	排污系数	新增废水量/(m³/d)
	现状	2035 年					
居住用地	53.96	95.61	41.65	60	2499	0.8	1999.2
公共管理与公共服务设施用地	53.06	85.84	32.78	50	1639	0.8	1311.2
商业服务业设施用地	8.82	12.56	3.74	50	187	0.8	149.6
工业用地	584.51	890.14	305.63	70	21394.1	0.5	10697.05
物流仓储用地	67.57	133.96	66.39	30	1991.7	0.5	995.85
道路与交通设施用地	103.04	280.07	177.03	20	3540.6	0.7	2478.42
公用设施用地	18.49	24.33	5.84	25	146	0.7	102.2
绿地与广场用地	6.67	148.16	141.49	10	1414.9	0.7	990.43
合计	900.84	1670.67	769.83	——	32812.3	——	18723.95

2035 年与现状相比,增加用水量 3.28 万 m^3/d、1200 万 m^3/a,增加废水排放量 1.87 万 m^3/d、680 万 m^3/a。

(三)区域废水排水去向

本次预测评价河段为沱河虞城县区域,沱河从虞城县中心城区穿过,预测河段内主要污染源为虞城县污水处理厂、虞城县第四污水处理厂,预测河段纳污情况见表6-5。

虞城县污水处理厂设计规模为 10 万吨/日,目前平均运行负荷为 8.29 万 m^3/d,剩余 0.71 万 m^3/d 余量;虞城县第四污水处理厂近期规模 2 万 m^3/d、预计 2025 年底建成,远期总规模达到 6 万 m^3/d。根据上述废水排放量核算,规划近、远期废水排放量未超过污水处理厂的收水规模。

表 6-5　预测河段纳污情况一览表　　　　单位:m^3/d

项目	现状建设规模	现状处理规模	规划近期			规划远期		
			设计处理规模	剩余处理能力	规划新增废水量	设计规模	剩余处理能力	规划新增废水量
虞城县污水处理厂	10 万	8.29 万	10 万	3.71	0.41 万	10 万	7.71 万	1.86 万
第四污水处理厂	—	—	2 万			6 万		

二、预测思路

开发区废水分区收集处理,相对独立,但纳污河流最终均为沱河,本次主要目的是预测规划的实施能否保证下游沱河出境断面老杨楼断面稳定达标。沱河老杨楼断面水质目标为Ⅳ类水体,本次预测采用完全混合模式和一维模式,虞城县污水处理厂、第四污水处理厂按照实际运行规模和满负荷运行进行考虑,预测沱河老杨楼断面主要污染物 COD、氨氮、TP 能否满足"十四五"水质目标要求。

三、预测情景

预测规划实施后开发区污水处理厂排水对周围地表水体的影响,按照污水处理厂正常工况和非正常工况进行影响预测分析。

(一)正常工况

根据虞城县污水处理厂(一污、二污、三污)和虞城县第四污水处理厂规划,一污、二污暂无中水回用计划,三污尾水人工湿地净化及再生水回用工程已于 2023 年 7 月开始建设,中水设计规模为 5 万 m^3/d,设计湿地出水标准达到《地表水环境质量标准》(GB 3838—2002)中准Ⅲ类标准(TN 除外),主要用于虞城人民公园生态补水、虞城县廉政文化广场补水以及景观用水,规划近期中水回用量为 2.5 万 m^3/d,远期中水回用量为 5.0 万 m^3/d,四污近期中水回用量为 0.62 万 m^3/d,远期中水回用量为 1.4 万 m^3/d,主要用于虞城县

城市道路洒水。目前各污水处理厂中水管网尚未建设,属于过渡期。

结合区域集中污水处理设施分布、区域中水工程建设现状、区域控制断面情况,预测情景具体如下:

情景1:过渡期间三污、四污中水回用工程未建设完成,预测不考虑中水回用,废水排放按照实测值即《地表水环境质量标准》(GB 3838—2002)中Ⅳ类水质标准,污水处理厂分实际运行规模和设计规模两种方式分析对区域地表水体的影响。

情景2:考虑三污、四污中水回用(三污生态补水、景观用水全部回用利用)情况下,废水排放部分按实测值即《地表水环境质量标准》(GB 3838—2002)中Ⅳ类、部分按照设计湿地出水标准即《地表水环境质量标准》(GB 3838—2002)中准Ⅲ类标准,污水处理厂分实际运行规模和设计规模两种方式分析对区域地表水体的影响。

情景3:四污中水全部回用;三污中水回用为生态补水、景观用水,其中60%最终进入河道,废水排放部分按实测值即《地表水环境质量标准》(GB 3838—2002)中Ⅳ类、部分按照设计湿地出水标准即《地表水环境质量标准》(GB 3838—2002)中准Ⅲ类标准,污水处理厂分实际运行规模和设计规模两种方式分析对区域地表水体的影响。

(二)非正常工况

情景4:规划期污水处理厂出现故障,废水非正常排放,处理效率降低,按出水水质比设计水质标准增加2倍考虑,预测规划期非正常工况下设计规模满负荷对地表水体的影响。

四、预测范围及预测断面

预测范围:

①虞城县污水处理厂(第一、第二、第三污水处理厂)废水排放口-中心干渠-运粮河-沱河、运粮河交汇断面-沱河-沱河出境断面(沱河老杨楼断面),全长约17.5 km;
②四污废水排放口-运粮河-沱河、运粮河交汇断面-沱河出境断面(沱河老杨楼断面),全长约18.4 km。

本次预测对开发区排水方案适当简化模拟等效废水排放口,在不考虑其他污染源的变化前提下,将现状各污水处理厂影响模拟后给予屏蔽,按照最不利原则,本次设定的等效排放口位于沱河、运粮河交汇处(即张老家断面)。简化后,本次预测评价范围为沱河、运粮河交汇断面(张老家断面)—沱河出境断面,全长约13.6 km。详见图6-1。

预测断面:沱河老杨楼断面。

五、预测模型

纳污水体为沱河,河流顺直、水流均匀且污水处理厂排污稳定,按照《制定地方水污染物排放标准的技术原则与方法》(GB 3839—1983)、《环境影响评价技术导则 地面水环境》(HJ 2.3—2018)要求,预测选取完全混合水质模型和河流一维水质模型,各预测模型的数学表达式分别见如下所示:

（一）河流完全混合模式

$$C = \frac{C_p Q_p + C_h Q_h}{Q_p + Q_h} \tag{6-1}$$

式中：C——混合断面污染物浓度，mg/L；

$\quad C_p$——入河污染源污染物浓度，mg/L；

$\quad Q_p$——入河污染源流量，m^3/s；

$\quad C_h$——河流中污染物浓度，mg/L；

$\quad Q_h$——河流水流量，m^3/s。

（二）河流一维稳态模式

$$C = C_0 \exp\left(-K \frac{x}{86400u}\right) \tag{6-2}$$

式中：C——污染物浓度，mg/L；

$\quad C_0$——初始点浓度，mg/L；

$\quad K$——污染物综合削减系数，1/d；

$\quad u$——河流流速，m/s；

$\quad x$——初始点到预测断面距离，m。

六、预测参数及边界条件

（一）设计水文条件

最枯月流量：$0.84\ m^3/s$

河宽：28 m

河深：0.3 m

流速：0.1 m/s

水温：17.3 ℃～17.5 ℃

（二）背景浓度

背景浓度选取沱河老杨楼断面 2023 年水质监测数据的平均值。具体如下：

COD：24.47 mg/L

NH_3-N：0.86 mg/L

TP：0.19 mg/L

（三）降解系数

综合考虑沱河水质状况，COD 的降解系数取 0.1，氨氮的降解系数取 0.1，总磷不考虑水质降解。

（四）污染负荷

本次预测污染源为虞城县污水处理厂（第一、第二、第三污水处理厂）和在建的第四污水处理厂。废水污染源预测参数见表6-6。

表6-6 废水污染源预测参数情况表

预测情景			污染物排放			
			2025年排放量/(万m³/d)	2035年排放量/(万m³/d)	COD/(mg/L)	氨氮/(mg/L)	总磷/(mg/L)
正常工况							
情景1	实际排放量		8.7	10.15	30	1.5	0.3
	设计排放量		12	16	30	1.5	0.3
情景2	实际排放量	按Ⅳ类排放的废水量	3.08	3.75	30	1.5	0.3
		按Ⅲ类排放的废水量	2.50	0	20	1.0	0.2
	设计排放量	按Ⅳ类排放的废水量	6.38	9.6	30	1.5	0.3
		按Ⅲ类排放的废水量	2.50	0	20	1.0	0.2
情景3	实际排放量	按Ⅳ类排放的废水量	3.08	3.75	30	1.5	0.3
		按Ⅲ类排放的废水量	4.00	3.00	20	1.0	0.2
	设计排放量	按Ⅳ类排放的废水量	6.38	9.6	30	1.5	0.3
		按Ⅲ类排放的废水量	4.00	3.00	20	1.0	0.2
非正常工况							
情景4	排放量		12	16	90	4.5	0.9

七、预测结果

（一）正常工况

正常工况不同情景下，老杨楼断面水质预测结果详见表6-7。

情景1：不考虑中水回用情况下，在规划近期、远期污水处理厂实际排放量、设计排放量不同情景下，老杨楼断面处的主要污染因子的COD、总磷、氨氮的预测值均能够满足《地表水环境质量标准》（GB 3838—2002）Ⅳ类标准，但COD、总磷、氨氮浓度略有增加。

情景2：考虑中水回用情况下，在规划近期、远期污水处理厂实际排放量、设计排放量不同情景下，老杨楼断面处的主要污染因子的COD、总磷、氨氮的预测值均能够满足《地表水环境质量标准》（GB 3838—2002）Ⅳ类标准，且COD、总磷、氨氮浓度大幅降低，水质得到了有效地改善。

情景3：考虑中水回用情况下，三污生态补水、景观用水60%进入河道，在规划近期、远期污水处理厂实际排放量、设计排放量不同情景下，老杨楼断面处的主要污染因子的COD、总磷、氨氮的预测值均能够满足《地表水环境质量标准》（GB 3838—2002）Ⅳ类标准，COD、总磷、氨氮浓度小幅降低，水质得到了一定的改善。

综上，不同预测情景下老杨楼断面处的主要污染因子的COD、总磷、氨氮的预测值均能够满足《地表水环境质量标准》（GB 3838—2002）Ⅳ类标准，开发区新增废水排放对老杨楼水质影响较小，主要由于污水处理厂出水水质较好，与老杨楼断面水质接近。由情景1和情景2对比可知，开发区中水回用对老杨楼断面水质有一定的改善作用，由情景2和情景3对比可知，三污提标改造后出水水质可以达到地表水Ⅲ类，生态补水增加了地表流量，改善了地表水质，建议加快落实三污提标改造和中水回用工程，加强开发区污水管网建设，实施雨污分流措施，完善区域污水处理设施及中水回用设施。

表6-7　不同情景下老杨楼断面预测浓度一览表　　　　　　　单位：mg/L

预测情景		规划期	预测因子	现状浓度	预测浓度	变化情况	Ⅳ类水质标准值	达标情况
情景1	实际排放量	规划近期	COD	24.47	25.6017	1.1317	30	达标
			NH$_3$-N	0.86	0.9015	0.0415	1.5	达标
			总磷	0.19	0.1959	0.0059	0.3	达标
		规划远期	COD	24.47	25.6065	1.1365	30	达标
			NH$_3$-N	0.86	0.9621	0.1021	1.5	达标
			总磷	0.19	0.2125	0.0225	0.3	达标
	设计排放量	规划近期	COD	24.47	25.6108	1.1408	30	达标
			NH$_3$-N	0.86	1.0158	0.1558	1.5	达标
			总磷	0.19	0.2272	0.0372	0.3	达标
		规划远期	COD	24.47	25.0684	0.5984	30	达标
			NH$_3$-N	0.86	1.0771	0.2171	1.5	达标
			总磷	0.19	0.2467	0.0567	0.3	达标

续表 6-7   单位:mg/L

预测情景	规划期	预测因子	现状浓度	预测浓度	变化情况	Ⅳ类水质标准值	达标情况
情景 2	实际排放量						
	规划近期	COD	24.47	18.2960	−6.1740	30	达标
		NH₃-N	0.86	0.3354	−0.5246	1.5	达标
		总磷	0.19	0.0698	−0.1202	0.3	达标
	规划远期	COD	24.47	22.5333	−1.9367	30	达标
		NH₃-N	0.86	0.1573	−0.7027	1.5	达标
		总磷	0.19	0.0067	−0.1833	0.3	达标
	设计排放量						
	规划近期	COD	24.47	21.2872	−3.1828	30	达标
		NH₃-N	0.86	0.7009	−0.1591	1.5	达标
		总磷	0.19	0.1664	−0.0236	0.3	达标
	规划远期	COD	24.47	24.4700	0.0000	30	达标
		NH₃-N	0.86	0.8600	0.0000	1.5	达标
		总磷	0.19	0.2069	0.0169	0.3	达标
情景 3	实际排放量						
	规划近期	COD	24.47	23.0143	−1.4557	30	达标
		NH₃-N	0.86	0.7869	−0.0731	1.5	达标
		总磷	0.19	0.1725	−0.0175	0.3	达标
	规划远期	COD	24.47	21.1762	−3.2938	30	达标
		NH₃-N	0.86	0.5976	−0.2624	1.5	达标
		总磷	0.19	0.1255	−0.0645	0.3	达标
	设计排放量						
	规划近期	COD	24.47	21.0738	−3.3962	30	达标
		NH₃-N	0.86	0.7715	−0.0885	1.5	达标
		总磷	0.19	0.1718	−0.0182	0.3	达标
	规划远期	COD	24.47	22.6889	−1.7811	30	达标
		NH₃-N	0.86	0.9064	0.0464	1.5	达标
		总磷	0.19	0.2051	0.0151	0.3	达标

(二)非正常工况

非正常工况下,污水处理厂处理效率未达到设计效率,出水水质超过设计水质标准排入沱河。按照规划期最大排水量进行预测,非正常工况下排水对地表水体的影响见表 6-8。

表6-8 非正常工况下地表水断面预测结果一览表

规划期	预测因子	现状背景值/（mg/L）	预测值/（mg/L）	增减量/（mg/L）	是否达标
规划近期	COD	24.47	42.1932	17.7232	不达标
	NH$_3$-N	0.86	1.8690	1.0090	不达标
	总磷	0.19	0.4300	0.2400	不达标
规划远期	COD	24.47	51.4700	27.0000	不达标
	NH$_3$-N	0.86	2.3972	1.5372	不达标
	总磷	0.19	0.5557	0.3657	不达标

由表6-8预测结果可知,在非正常工况下,达到设计规模情况下,规划近期沱河老杨楼断面处主要污染因子的COD预测值为42.1932 mg/L,较现状值增加17.7232 mg/L;NH$_3$-N预测值为1.8690 mg/L,较现状值增加了1.0090 mg/L;总磷预测值为0.4300 mg/L,较现状值增加了0.2400 mg/L,不能够满足《地表水环境质量标准》（GB 3838—2002）Ⅳ类标准。规划远期沱河老杨楼断面处主要污染因子的COD预测值为51.4700 mg/L,较现状值增加27.0000 mg/L;NH$_3$-N预测值为2.3972 mg/L,较现状值增加了1.5372 mg/L;总磷预测值为0.5557 mg/L,较现状值增加了0.3657 mg/L,不能够满足《地表水环境质量标准》（GB 3838—2002）Ⅳ类标准。因此,开发区必须采取有效措施,保证污水处理厂正常运行。

第四节 虞城县电镀生态园水环境承载力分析

一、纳污水体情况

根据规划,开发区污水分别进入虞城县污水处理厂（第一、第二、第三）、第四污水处理厂处理后,最终排入沱河,沱河属于淮河流域,水质目标为地表Ⅳ类。

二、水质现状

根据2023年1~12月对沱河老杨楼断面的水质监测情况,COD平均浓度为24.47 mg/L,氨氮平均浓度为0.86 mg/L。

三、计算方法

根据水环境功能区的实际情况,水环境容量计算采用一维水质模型。

河流一维水质模型由河段和节点两部分组成,节点指河流上排污口、取水口、干支流汇合口等造成河道流量发生突变的点,在节点处,要利用节点均匀混合模型进行节点前后的物质守恒分析,确定节点后的河段流量和污染物浓度。节点后的河段以节点平衡后的流量和污染物浓度为初始条件,按照一维降解规律计算到下一个节点前的污染物浓度。

节点平衡方程:

考虑干流、支流、取水口、排污口均在同一节点的最复杂情况,水量平衡方程为

$$Q_{干流混合后} = Q_{干流混合前} + Q_{支流} + Q_{排污口} - Q_{取水口} \tag{6-3}$$

污染物平衡方程为(忽略混合过程的不均匀性):

$$C_{干流混合后} = \frac{C_{干流混合前} \times Q_{干流混合前} + C_{支流} \times Q_{支流} + C_{排污口} \times Q_{排污口} - C_{取水口} \times Q_{取水口}}{Q_{干流混合前} + Q_{支流} + Q_{排污口} - Q_{取水口}} \tag{6-4}$$

环境容量计算:

将 $C = C_i + \dfrac{W_i}{31.54}$ 代入模型,得到一维模型水环境容量的计算公式为

$$W_i = 31.54 \times (C \times e^{K\sqrt{/86.4 \times u}} - C_i) \times (Q_i + Q_j) \tag{6-5}$$

式中 W_i——第 i 个入河排污口污染物允许入河量,t/a;

       C_i——河段第 i 个节点处的水质本地浓度,mg/L;

       C——沿程浓度,mg/L;

       Q_i——河道节点后流量,m^3/s,枯水期流量为 0.84 m^3/s;

       Q_j——第 j 节点废水入河量,m^3/s;

       u——河段 i 的断面平均流速,m/s;

       K——综合消减系数,1/d;

       X——河段 i 的长度(即计算断面 $i+1$ 到 i 断面的距离),km。

四、参数确定

排污口设定:沱河、运粮河交汇断面(等效排放口-张老家断面)—沱河出境断面,全长约 13.6 km。

K 值的确定:枯水期沱河(响河)河道水质降解系数 COD 选值为 0.1 d^{-1},NH_3-N 为 0.1 d^{-1}。

五、水环境容量分析

沱河按照《地表水环境质量标准》(GB 3838—2002)中Ⅳ类进行考核时,即化学需氧量 30 mg/L、氨氮 1.5 mg/L,剩余水环境容量能够支撑开发区规划实施。详见表 6-9。

表 6-9   剩余水环境容量计算结果一览表

情形		COD 水环境容量/(t/a)	新增 COD 排放量/(t/a)	氨氮水环境容量/(t/a)	新增 NH₃-N 排放量/(t/a)	是否可容纳
2025 年	不考虑中水回用	297.55	45	24.49	2.25	可容纳
	考虑中水回用	273.58	−57.93	22.52	−2.896	可容纳
2035 年	不考虑中水回用	353.71	204	29.12	10.2	可容纳
	考虑中水回用	299.40	−54.42	24.64	−2.721	可容纳

第五节 虞城县电镀生态园水环境分区管控优化策略

一、虞城县电镀生态园与生态环境分区管控相符性分析

(一)与省辖淮河流域管控要求相符性分析

虞城县电镀生态园与省辖淮河流域管控要求相符性分析详见表6-10,结果表明,虞城县电镀生态园与省辖淮河流域管控要求相符。

表6-10 与省辖淮河流域管控要求相符性分析一览表

管控维度	管控要求	园区情况	相符性
空间布局约束	①禁止在淮河流域新建化学制浆造纸企业,以及新建制革、化工、印染、电镀、酿造等污染严重的小型企业。 ②严格落实南水北调干渠水源地保护的有关规定,避免水体受到污染。	①园区非新建企业且生产规模不属于小型企业。 ②不涉及南水北调干渠水源地。	相符
污染物排放管控	①严格执行洪河、惠济河、贾鲁河、清潩河流域水污染物排放标准,控制排放总量。 ②推进城镇污水处理厂建设,提升污水收集效能。加强农业农村污染防治,以乡镇政府所在地、南水北调中线工程总干渠沿线村庄为重点,梯次推进农村生活污水治理;加快推进畜禽粪污资源化利用。	①园区企业严格执行水污染物排放标准,控制排放总量。 ②园区所在区域建设有城镇污水处理厂,园区生产废水和生活污水经污水处理站处理后进入污水处理厂进一步处理。	相符
环境风险防控	①以涡河、惠济河、包河、沱河、浍河等河流跨省界河段为重点,加大跨省界河流污染整治力度,推进闸坝优化调度。 ②对具有通航功能的重点河流加强船舶污染物防控,防止事故性溢油和操作性排放的油污染。	①电镀园位于沱河上游,加大跨省界河流污染整治力度,推进闸坝优化调度。 ②不涉及具有通航功能的重点河流。	相符
资源利用效率	①在提高工业、农业和城镇生活用水节约化水平的同时,提高非常规水利用率;重点抓好缺水城市污水再生利用设施建设与改造。 ②在粮食核心区规模化推行高效节水灌溉;实施工业节水减排行动,大力推进工业水循环利用,推进节水型企业、节水型工业园区建设。重点推进南水北调受水区地下水压采工作,加快公共供水管网建设,逐步关停自备井。	①园区规划建设污水再生水厂,进行中水回用,提高水利用率,规划要求串联用水、分质用水。 ②一水多用和梯级循环利用的原则提高水重复利用率,园区已实现集中供水。	相符

（二）与管控单元管控要求相符性分析

虞城县电镀生态园所在管控单元为 ZH41142520001 虞城高新技术产业开发区,相符性分析详见表 6-11。分析结果表明,在落实各项环境保护措施的基础上,园区规划建设情况与 ZH41142520001 虞城高新技术产业开发区管控单元管控要求存在不相符情况,具体为管控单元污染物排放管控要求"禁止涉重企业含重金属废水进入城市生活污水处理厂。"但是,目前虞城县电镀生态园生产废水含重金属,经园区污水处理站预处理后,排入虞城县污水处理厂,该污水处理厂属城镇污水处理厂,与本条管控要求不相符。

为解决电镀生态园含重金属废水排入城镇生活污水处理厂的问题,根据《虞城高新技术产业开发区发展规划（2022—2035）环境影响报告书》,电镀生产废水经管道收集排放至虞城县第四污水处理厂（该污水处理厂为工业污水处理厂）,处理达标后排放是可行的。但是,存在虞城县第四污水处理厂收水范围变更、电镀废水收集管道建设等制约因素,需要电镀生态园与开发区管委会、生态环境主管部门等做好协调沟通,确定电镀生产废水排水方案,加快推进实施,满足生态环境分区管控要求。

表 6-11 ZH41142520001 虞城高新技术产业开发区管控单元管控要求相符性分析一览表

管控维度	管控要求	园区情况	相符性
空间布局约束	①禁止不符合规划或规划环评要求的项目入驻。禁止新增集中电镀中心（园区已有 1 个集中电镀中心）。 ②严格落实规划环评及审查意见要求,规划调整修编时应同步开展规划环评。 ③新建"两高"项目应符合生态环境保护法律法规和相关法定规划,满足重点污染物总量控制、相关规划环评和行业建设项目环境准入条件、环评审批原则要求。 ④园区规划范围调整后,原位于园区内属于服装制造的项目,允许其"退城入园"进入新一轮规划的产业园区内发展且允许其向下游发展延伸产业链,提高产品附加值,但禁止含印染工艺的项目"退城入园"。 ⑤园区内现有的符合主导产业的项目鼓励向下游拓展完善产业链,可适度向上游发展完善原料补链项目。可适当发展与园区主导产业相近或污染较轻且与园区环境相容的项目入园发展。 ⑥鼓励符合园区主导产业及主导产业链下游的项目入驻,合理拉长延伸产业发展链条、提升终端产品附加值;允许为园区主导产业服务的直接配套产品项目入园;允许符合园区循环经济发展产业链上的上、下游补链项目入驻。	①"园区已有一个集中电镀中心"即为虞城县电镀生态园。电镀生态园不涉及空间布局约束中的禁止类、限制类企业,因此,电镀生态园与空间布局约束管控要求相符。	相符

续表6-11

管控维度	管控要求	园区情况	相符性
	⑦鼓励装备制造产业重点以延链补链强链为主，推动五金工量具产品向智能全自动升级换代，推动装备制造业向高端装备制造方向拓展。鼓励医药制造产业重点向医用耗材、生物制品、中药饮片、医疗服务、医药商业等领域拓展。		
污染物排放管控	①区域环境空气、地表水环境质量不能满足环境功能区划标准时，重点行业建设项目主要污染物实行区域削减。 ②在禁燃区内，禁止销售、燃用高污染燃料；禁止新建、扩建燃用高污染燃料的设施。（除集中供热、热电联产、电厂锅炉燃煤、集中供热用洁净煤生产以及工业企业生产工艺必须使用的煤炭及其制品外）。禁止涉重企业含重金属废水进入城市生活污水处理厂。园区集中供热工程建成投入运行后，原则上禁止企业新建备用燃气锅炉（集中供热能力不能满足需求时除外），在用的燃气锅炉转为备用。 ③加快城市建成区的重点污染企业退城搬迁。强化企业搬迁改造安全环保管理，加强腾退土地用途管制、土壤污染风险管控和修复。 ④新建"两高"项目应按照《关于加强重点行业建设项目区域削减措施监督管理的通知》要求，依据区域环境质量改善目标，制定配套区域污染物削减方案，采取有效的污染物区域削减措施，腾出足够的环境容量。新建耗煤项目还应严格按规定采取煤炭消费减量替代措施，不得使用高污染燃料作为减量替代措施。已出台超低排放要求的"两高"行业建设项目应满足超低排放要求。 ⑤涉重金属重点行业建设项目应遵循重点重金属污染物排放"减量替代"。 ⑥强化VOCs管控治理。大力推动低（无）VOCs原辅材料生产和替代，将全面使用符合国家要求的低VOCs含量原辅材料的企业纳入正面清单和政府绿色采购清单。通过使用水性、粉末、高固体分、无溶剂、辐射固化等低VOCs含量的涂料，水性、辐射固化、植物基等低VOCs含量的油墨，水基、热熔、无溶剂、辐射固化、改性、生物降解等低VOCs含量的胶黏剂，以及低VOCs含量、低反应活性的清洗剂等，替代溶剂型涂料、油墨、胶黏剂、清洗剂等，从源头减少VOCs产生。	①虞城县属于空气不达标区，电镀生态园大气污染物排放实行区域倍量削减。 ②电镀生态园以天然气锅炉为热源，待开发区集中供热实现后，改为集中供热，天然气锅炉改为备用锅炉。电镀生态园生产废水中含有重金属，现状排入虞城县污水处理厂（城镇生活污水处理厂）处理，与管控要求不符。 ③电镀生态园不属于退城入园项目。 ④电镀生态园无两高项目。 ⑤电镀生态园遵循重点重金属污染物排放"减量替代"。 ⑥电镀生态园电泳漆采用水性涂料，属于低VOCs含量的涂料，从源头减少VOCs产生。 ⑦电镀生态园废水执行全收集、全处理，尽量回用，不能回用的经污水管网达标排入虞城县污水处理厂进一步处理。	不相符

续表6-11

管控维度	管控要求	园区情况	相符性
	⑦开发区内企业废水实现全收集、全处理。排入集聚区集中污水处理厂的企业废水执行国家、我省行业间接排放标准并符合污水处理厂的收水要求。集中污水处理厂扩建工程设计出水水质达到《城镇污水处理厂污染物排放标准》（GB 18918—2002）一级A标准。		
环境风险防控	①制定环境风险应急预案,落实环境风险防范和应急措施,强化环境风险防范及应急处置能力,建立"企业-园区-政府"三级环境风险应急联动机制。②有色金属冶炼、铅酸蓄电池、石油加工、化工、电镀、制革和危险化学品生产、储存、使用等企业在拆除生产设施设备、污染治理设施时,要事先制定残留污染物清理和安全处置方案。③按照土壤环境调查相关技术规定,对垃圾填埋场及涉重金属企业周边土壤环境状况进行调查评估。④危险废物应有安全可行的处理处置措施,不得随意弃置,危险废物严格按照有关规定收集、贮存、转运、处置,确保100%安全处置。	①电镀生态园已制定应急预案。②电镀生态园日后如有拆除生产设施设备的需求,应按照要求制定残留污染物清理和安全处置方案。③电镀生态园不涉及垃圾填埋场。④电镀生态园已建设一座危废库,生产过程产生的危险废物分类收集、分开贮存,定期交由具有相应危废处置资质的单位统一处置。	相符
资源利用效率	①企业应不断提高资源能源利用效率,新改扩建建设项目的清洁生产水平应达到国内先进水平。②推广节水工艺和技术,推进工业节水改造。加强高耗水行业节水改造、废水深度处理和达标再利用,实现节水增效。升级改造工业园区,鼓励企业串联用水、分质用水、一水多用、循环利用。	①电镀生态园清洁生产水平达到国内先进水平。②电镀生态园已建有再生水回用配套设施,生产废水处理后尽可能回用于生产,不能回用的经污水管网达标后到虞城县污水处理厂进一步处理。	相符

二、水环境分区管控优化策略

（一）细化环境管控单元划分

根据虞城县高新技术开发区的地理位置、水生态环境现状和未来发展规划,结合开发区中不同产业园区分布情况、主导产业类型、企业集聚情况,可进一步细化生态环境管控单元。如虞城县高新技术开发区中包含食品产业园、电镀生态园及其他园区,食品产业园、电镀生态园特征污染物不同,重点关注及管控程度不同,因此,食品产业园、电镀生态园可分别单独划定为一个重点管控单元。

（二）优化生态环境准入清单

根据管控单元的水生态环境特点和承载能力、污染物产生情况，制定差异化、有针对性的水生态环境准入清单。清单应明确各单元内允许开展的生产活动、废水排放标准、允许排放量、水资源利用效率等要求。

严格项目审批，对不符合准入要求的项目，一律不予批准入园；对符合生态环境准入清单中产业发展的重大项目应积极给予指导和帮扶。

（三）加强生态环境监管

电镀项目生产过程中涉及的大量重金属废水，对区域土壤和地下水构成较大的环境风险，按照"严守环境质量底线"要求，应强化环境监管，为区域电镀产业园发展构筑起一道绿色的保护屏障。

建设单位在施工期间委托环境监理，严格按照环评批复的要求进行建设；在防渗层的铺装和环保设施的安装阶段等关键施工环节必须拍照留存，防渗材料与环保设施的采购合同与施工合同一并存档备查；定期对危废产排记录台账、转移联单保存、环保设施运行和管理情况进行抽查；定期对园区周边的环境空气、土壤、地下水，园区初期雨水进行监测，若发现问题立即要求建设单位查找原因并限期整改。

（四）完善应急管理体系

及时更新完善水环境突发事件应急预案，明确在发生废水泄漏、超标排放等突发情况时的应急处置措施和责任分工。在园区内设置应急事故池，确保事故废水能够得到有效收集和处理，防止污染扩散。定期组织应急演练，提高园区管理部门、企业和相关应急救援队伍应对突发水环境事件的能力。

第七章

淮河流域水质持续改善策略研究

第一节　优化流域生态环境分区管控体系

一、深化与园区规划融合

淮河流域共有92个省级开发区,目前,淮河流域生态环境分区管控单元将开发区(不跨县级行政界线)划定为一个重点管控单元。根据开发区发展现状及园区规划情况,部分开发区存在"一区多园"情形,开发区中不同园区主导产业不同,产生污染物类别不同,行业环境准入不同,为进一步生态环境分区管控精细化管理,可充分衔接园区规划,结合园区面积大小等,进一步细化生态环境管控单元。

另外,生态环境准入清单方面,淮河流域现行管控要求以定性描述为主,缺乏定量要求,难以有效支撑综合决策。如园区重点管控单元管控要求中允许排放量等相关要求并未体现,这很大程度限制了生态环境分区管控在污染源管理领域的应用。生态环境分区管控作为战略环评,在整个环评准入体系中位于顶层,规划环评的责任主体为编制规划的政府部门,其中产业园区的规划环评责任主体为产业园区管理机构,项目环评的责任主体为具体的建设单位。从三者的关系可以看出,规划环评在环评准入体系中处于承上启下的地位,尤其是产业园区规划环评可以从空间角度发挥承上启下的作用。生态环境准入清单中的管控要求已经成为园区规定企业入园的必要条件,而且按照生态环境部的要求,产业园区管理机构要切实担负起规划环评的主体责任,对规划环评的质量和结论负责,并接受所属人民政府的监督。因此,通过生态环境准入清单中吸纳产业园区规划环评中生态环境准入清单的具体内容,生态环境部门在审查产业园区规划环评时,也可以要求产业园区管理机构在空间布局约束、污染物排放管控、环境风险管控、资源利用效率等方面提出更具体的要求,比如在污染物排放管控要求中提出园区具体的允许排放量,将这些具体管控要求吸收到生态环境准入清单中,这样就可以解决编制过程中生态环境准入清单只是衔接既有管理规定的问题,还可以将生态环境分区管控应用到产业园区污染源管理领域,拓宽生态环境分区管控的应用领域。

二、完善管理机制

(一)加强部门协同

建立由环保、水利、农业、林业、自然资源等多部门参与的流域生态环境分区管控联席会议制度,定期召开会议,协调解决分区管控工作中的重大问题。明确各部门职责分工,加强信息共享和工作联动,形成管理合力。

(二)推动区域协同

对于跨行政区的流域,建立跨区域的协同管理机制,加强流域上下游、左右岸之间的合作。通过签订区域合作协议、建立联合监测机制、联合执法机制等,共同解决流域生态环境问题。

(三)鼓励公众参与

鼓励公众参与流域生态环境分区管控,增强公众的环保意识和参与度。通过公开环境信息、举办公众听证会、开展环保宣传教育等活动,听取公众的意见和建议,接受公众的监督。同时,鼓励公众参与环保志愿活动,共同保护流域生态环境。

三、强化技术支撑

(一)建立大数据平台

整合流域内的环境监测数据、地理信息数据、社会经济数据等,构建流域生态环境分区管控大数据平台。利用大数据分析技术,实现对流域生态环境状况的实时监测、预警和评估,为分区管控决策提供科学依据。

(二)应用先进模型和技术

运用水环境模型(如 SWMM、MIKE 等)、生态系统模型等,对流域内的水质变化、生态系统演变进行模拟和预测。通过模型分析,评估不同分区管控措施的实施效果,优化管控方案。同时,推广应用物联网、卫星遥感等先进技术,提高生态环境监测的准确性和及时性。

第二节　推进流域规划制定和标准整合

一、编制"十五·五"流域水生态环境保护规划

《河南省 2025 年碧水保卫战实施方案》明确提出 2025 年要深入谋划"十五五"目标指标、重点任务、重大举措和重大工程,研究形成"十五五"水生态环境保护规划基本思路,并组织编制"十五五"水生态环境保护规划。

(一)科学规划为水质改善指明方向

"十五五"时期是我国全面推进生态文明建设、实现人与自然和谐共生的现代化关键阶段。流域作为经济社会发展的重要载体和水生态环境保护的关键区域,其水质状况直

接关系到区域生态安全、居民生活质量和经济社会可持续发展。制定科学有效的水质改善策略,对于落实"十五五"流域水生态环境保护规划目标、提升流域水生态环境质量具有重要意义。

1. 精准定位问题根源

全面深入的流域调研是规划编制的前提。通过实地勘察,能够直观掌握流域内河流、湖泊的生态状况,包括水体颜色、气味、水生生物分布等;收集水文水资源、土地利用、社会经济发展等资料,可从宏观层面了解流域发展与环境的相互关系;运用数据分析手段,对水质监测数据、污染源排放数据进行处理,明确污染物种类、浓度及排放规律。借助地理信息系统(GIS)和遥感技术(RS),可绘制高精度的流域水生态环境现状图,精准定位污染热点区域。

2. 明确量化改善目标

结合"十五五"生态文明建设要求,制定量化的水生态环境保护目标,如规定国控断面水质优良比例提升数值、消除劣V类水体的期限等。这些量化目标将水质改善的抽象概念转化为具体、可衡量的任务,使各部门、单位在实施过程中有清晰的奋斗方向,便于任务分解和责任落实,确保水质改善工作朝着既定目标有序推进。

3. 多方论证保障规划可行

广泛征求政府部门、科研机构、企业、社会组织和公众意见,并邀请专家论证,从行政管理、专业技术、生产经营、民意等多维度对规划进行优化。政府部门确保规划的政策可行性,科研机构提供技术支撑,企业反馈实际影响,公众参与增强社会认可度,专家从科学性和合理性层面把关,保障规划能切实有效地指导水质改善工作。

(二)强化实施推动水质改善落地

1. 协同机制凝聚工作合力

由政府主要领导牵头成立规划实施领导小组,整合多部门力量,明确职责分工,形成协同工作机制。在处理流域跨界污染问题时,生态环境、水利、农业等部门各司其职又密切配合,打破部门壁垒,避免推诿扯皮,高效解决污染问题,保障规划顺利推进,为水质改善提供组织保障。

2. 资金政策激发治理动力

设立专项资金、争取国家支持、吸引社会资本,同时制定税收减免、财政补贴等优惠政策,形成多元化资金投入格局。资金和政策支持降低企业参与流域治理的成本与风险,激发企业积极性,为建设污水处理厂、实施节水改造等水质改善项目提供充足资金,推动项目顺利开展。

3. 项目建设落实改善措施

通过建设工业废水处理、城市污水处理厂提标改造等污染源治理项目,从源头减少污染物排放;开展河湖生态缓冲带建设、湿地恢复等生态修复项目,增强水生态系统自净能力;实施生态补水、节水改造等水资源管理项目,优化水资源配置。严格的项目管理制度确保项目质量和进度,将规划中的水质改善策略转化为实际行动,直接推动水质提升。

（三）严格监督保障水质改善成效

1. 监测评估实时把控动态

构建全方位监测网络,增加监测点位、扩大监测范围、提高频率,监测常规与新兴污染物指标,全面反映水质状况。定期评估规划目标和任务进展,通过数据分析和实地核查,及时发现水质改善进度滞后等问题,为调整和优化规划提供数据支持,确保水质改善工作按计划推进。

2. 执法问责强化执行力度

整合执法力量建立联合执法机制,加大对偷排、漏排等环境违法行为的打击力度,提高违法成本,形成法律威慑,促使企业自觉守法。建立问责制度,将规划实施情况与绩效考核挂钩,对未履行职责的部门和个人问责,增强责任意识,保障规划要求有效落实,防止污染行为影响水质改善。

3. 公众参与形成监督合力

建立公众监督机制,设立举报渠道,奖励举报人,激发公众参与监督的积极性。及时公开水质状况、规划进展等信息,保障公众知情权和监督权。公众广泛参与形成社会监督压力,促使企业和部门认真履职,同时增强公众环保意识,形成全社会共同参与、监督水质改善工作的良好氛围。

二、整合河南省辖淮河流域水污染物排放控制标准

《河南省2025年碧水保卫战实施方案》明确要求立足现实需求,整合制定《淮河流域水污染物排放标准》。

（一）制定必要性

1. 落实中部崛起战略、实现中部地区绿色低碳发展的必然要求

习近平总书记在推动中部地区崛起座谈会并发表重要讲话时指出:要协同推进生态环境保护和绿色低碳发展,加快建设美丽中部。深入打好污染防治攻坚战,携手加强大江大河和重要湖泊生态环境治理。省辖淮河流域作为我国重要的人口大区和重要粮食生产基地、在全国具有举足轻重的地位。通过流域水污染物排放标准的制订,加强淮河流域生态环境治理、提升行业绿色发展水平、优化产业布局、减少水污染物排放、改善水生态环境质量,是推动中部地区生态环境质量持续改善,实现中部地区绿色低碳发展的必然要求。

2. 严格落实环境管理要求、协同上下游共同治理淮河流域的迫切需求

安徽省制定了《安徽省淮河流域城镇污水处理厂和工业行业主要水污染物排放标准》(征求意见稿);山东省于2023年修订发布了《流域水污染物综合排放标准第1部分:南四湖东平湖流域》(DB37/3416.1—2023)(淮河流域);生态环境部组织流域内江苏、河南、山东和安徽四省制定了《南四湖流域水污染物排放标准》,于2024年4月1日起统一实施。淮河流域的下游省份均制定了地方水污染物排放标准,并在修订过程中提高了污染物排放控制要求,我省制定省辖淮河流域水污染物排放标准是严格环境管理要求、协同上下游共同治理淮河流域的迫切需求。

3. 完善流域标准体系、构建水生态环境治理新格局的必然趋势

流域内现执行标准有 4 个小流域标准、城镇污水处理厂标准、行业标准等多种标准交叉执行。其中,现行的《清潩河流域标准》(2013 年)、《贾鲁河流域标准》(2014 年)、《惠济河流域标准》(2014 年)及《洪河流域标准》(2016 年)4 个小流域标准的实施使得淮河流域水生态环境得到了显著改善,但实施均已过 8 年,急需修订,同时,这些现行流域标准仍存在标准覆盖范围小、发布实施时间长、标准限值较为宽松、现行流域标准体系较为陈旧、不符合精细化管理需求等问题。

流域标准覆盖范围小,4 个小流域面积为 2.49 万 km^2,仅占省辖淮河流域面积(8.83 万 km^2)的 28.2%,约 70% 的流域未实行统一的标准,立足全流域和生态系统完整性,需建立统一的流域标准。

流域标准急需修订,4 个小流域标准发布时间已满八年,实施年限已超过了 5 年,小流域标准发挥效力有限,急需修订。

流域执行的标准不统一,由于清潩河、惠济河、贾鲁河、洪河各小流域之间执行的水污染物排放标准不统一,在一定程度上影响了淮河流域生态环境治理与保护协同推进,已不能满足流域整体水生态环境管理需求。

流域内执行的标准限值较为宽松,流域内集中污水处理厂除贾鲁河、洪河涉及的部分区域外,现均执行《城镇污水厂标准》一级 A 标准,已不能满足水质目标要求,需要尽快做好有效衔接。在水质由劣 V 类改善为 III 类和 IV 类的背景下,流域水污染物排放要求与水质断面目标脱节,现行标准体系急需完善。

现行流域标准不符合精细化管理需求,流域内 11 个省辖市自然资源、产业结构、污染治理水平及水生态环境状况存在显著差异,导致不同区域水生态环境特征及管理需求有所不同,急需分区、分类施策。

因此,制定省辖淮河流域水污染物排放标准,是完善流域标准体系,构建水生态环境治理新格局的必然趋势。

4. 是改善水环境质量、破解水资源供需矛盾的有效途径

2023 年,省辖淮河流域内水质虽整体呈现稳定好转趋势,但出境河流沱河、浍河、包河、惠济河、涡河、黑茨河、颍河、汾泉河及省界河流域洪河、淮河干流断面水质稳定达标压力仍较大,加之国家“十四五”重点流域要实施“水资源、水生态、水环境”三水统筹的治水思路,对流域水质改善提出了更高的要求。淮河支流年径流量近年减少较多,部分河流出现断流,由于天然来水量受限和下游用水量增加,省辖淮河流域刚性用水需求与水资源短缺之间矛盾突出。因此,通过制定省辖淮河流域水污染物排放标准,倒逼企业提高用水效率,缓解水资源供需矛盾。

(二)科学制定统一标准

1. 污染物指标筛选

根据流域的主要污染问题和水质保护目标,筛选出具有针对性的污染物指标。对于以工业污染为主的流域,除了常规的化学需氧量(COD)、氨氮等指标外,还应关注重金属、持久性有机污染物等特征污染物;在农业面源污染突出的流域,需重点考虑总磷、总氮等指标。同时,参考国内外先进的环境标准和研究成果,结合流域实际情况,合理确定

指标的选取范围,确保标准能够全面反映流域的污染状况和保护需求。

2.排放限值设定

基于环境容量评估结果,综合考虑流域内不同污染源的治理成本、技术可行性以及经济发展需求,设定科学合理的排放限值。对于重点污染源和高污染行业,应制定更为严格的排放限值,推动企业加大污染治理投入,采用先进的清洁生产技术和污染防治工艺;对于一般污染源和低污染行业,在保障水质的前提下,可适当放宽排放限值,给予企业一定的发展空间。此外,排放限值的设定还应体现动态调整机制,根据流域水质变化、技术进步和经济社会发展情况适时进行修订。

3.统一监测与执法规范

制定统一的污染物监测方法和技术规范,确保流域内各地区监测数据的准确性和可比性。明确监测点位的设置、监测频率、采样方法以及数据处理方式等要求,规范监测仪器设备的使用和维护。同时,建立统一的执法标准和程序,加强执法人员的培训和管理,提高执法的公正性和权威性。使监管部门在对企业和污染源进行监督检查时,能够依据统一的标准进行判定和处罚,避免出现执法尺度不一的情况。

(三)协同推进与实施保障

1.建立协调机制

成立由生态环境、水利、农业、工信等多部门组成的流域排放标准制定与实施协调小组,明确各部门的职责分工,加强部间的沟通与协作。生态环境部门负责标准的制定、监督和执法;水利部门提供水文数据和水资源管理方面的支持;农业部门协助开展农业面源污染防治相关工作;工信部门推动工业企业的技术改造和产业升级。通过定期召开联席会议、建立信息共享平台等方式,及时解决标准实施过程中出现的问题,形成工作合力。

2.开展宣传培训

通过多种渠道,如政府官网、新闻媒体、行业协会等,广泛宣传统一流域排放标准的重要意义、具体内容和实施要求,提高企业、公众对标准的认知度和认同感。同时,组织开展针对企业管理人员、环保技术人员以及监管执法人员的专题培训,详细解读标准的技术要点、操作规范和管理要求,帮助企业掌握污染治理技术和达标排放方法,提升监管执法人员的业务水平和执法能力。

3.配套政策支持

制定相关的配套政策,为统一排放标准的实施提供保障。设立专项资金,对积极开展污染治理、实现达标排放的企业给予补贴和奖励;对采用先进环保技术和设备的企业,在税收、贷款等方面给予优惠政策。鼓励企业开展清洁生产审核和环境管理体系认证,推动产业绿色转型。此外,建立生态补偿机制,对因执行严格排放标准而导致经济发展受到影响的地区,由受益地区给予一定的经济补偿,促进流域内各地区的协调发展。

第三节 "三水"统筹推进淮河流域水质改善

2021 年《重点流域水生态环境保护规划》首次将"污染防治"调整为"三水统筹",推动治理逻辑从"单一水质达标"转向"流域生态系统健康",强调对水资源、水环境、水生态三个维度的协同治理与系统整合,是我国水治理从"末端治污"迈向"系统修复"的标志性转型,也是下一阶段水生态环境治理的核心战略理念,其本质是通过制度协同(打破部门壁垒)、空间整合(流域单元管控)、目标平衡(水质-水量-生态并重),重建水系的自然循环与服务功能。

一、强化淮河流域水资源保护

(一)深化水资源统一调度与刚性约束

1. 实施全流域水量统筹管理

2025 年起,淮河干流及沙颍河、洪汝河等 12 条重要支流首次纳入水资源统一调度体系,河南省作为重要节点,需严格执行水利部批复的《2025 年度淮河水资源调度计划》,落实相关 29 个控制断面下泄流量指标,确保跨省河湖水量分配公平高效。通过建立省际水资源调度会商机制,协调解决上下游用水矛盾,特别是在干旱期科学调配南水北调中线、引江济淮等工程水源,保障河南段生态基流需求。

2. 不断强化水资源刚性约束

推动水资源刚性约束制度有效落实,全面确定流域区域可用水量,严格用水总量和强度目标管控,严格实行计划用水监督管理。强化用水定额管理,高质量建设节水型社会,推动实现农业节水增效、工业节水减排、城镇节水降损,扩大非常规水源利用比例。完善取水许可管理制度,进一步规范和强化建设项目水资源论证工作。开展地下水超采区动态评估,完善地下水监测站网,开展地下水储备有关工作。

(二)推进重大水利工程智慧化建设

1. 完善防洪减灾与水资源配置体系

加快实施出山店水库灌区等治淮工程,提升流域防洪能力和水资源调配效率。例如,前坪水库灌区工程已开工建设,可新增农田有效灌溉面积 1250 万亩。同时,推进数字孪生淮河建设,构建覆盖全流域的"天空地水工"一体化监测网络,运用大数据、物联网技术实现防洪"四预"(预报、预警、预演、预案)和水资源调度智能化,为决策提供实时支撑。

2. 强化重点河流生态流量保障

将河湖生态流量保证情况纳入河湖长制统一管理,完善生态流量监测预警机制;取(蓄)水造成河、湖或水库水文情势改变且带来不利影响的建设项目要严格落实环评中生态流量泄放要求,确保河道输水畅通。

二、加强淮河流域水生态保护

(一)《关于全面推进江河保护治理的意见》

《中共中央办公厅 国务院办公厅 关于全面推进江河保护治理的意见》(2025年6月17日)明确指出:

1. 强化江河流域生态功能

坚持绿水青山就是金山银山,落实分区域、差异化、精准管控的生态环境管理要求,推进山水林田湖草沙一体化保护和系统治理。立足整体提升流域生态系统质量和稳定性,以大江大河大湖为重点,统筹江河源头至河口、水域和陆域的全域保护,形成以江河干流和主要支流为骨架,以湖泊、水库、湿地等为节点的江河生态保护带,筑牢国家生态安全基础。

2. 改善河湖生态环境

坚持一河一策,北方地区以解决河流断流、湖泊萎缩为重点,实现还水于河;推进母亲河复苏行动,开展淮河流域生态补水,实施地下水保护治理行动,推进华北等重点区域地下水超采综合治理。

3. 加强水源涵养和水土保持

加大对淮河源头、水源涵养区的保护力度。持续开展气候变化对江河水源补给影响科学考察和研究评估。科学推进水土流失综合防治,加强对人为水土流失的监管。

4. 建设江河绿色生态廊道

以保障防洪安全、稳定河势、规范流路为前提,推进河湖库岸线和滩区生态整治。严格河湖库水域、岸线管理保护,科学全面划定河湖库管理范围,统筹纳入国土空间规划"一张图"。依法纵深推进清理河湖库乱占、乱采、乱堆、乱建问题,严禁侵占破坏河湖库。科学确定河湖生态流量目标,强化生态水量调度与监管。恢复河流连通性,加大水生生物保护力度,加强水产种质资源保护区保护修复,维护生物多样性和生态系统稳定性。

(二)《美丽河湖保护与建设行动方案(2025—2027年)》

《美丽河湖保护与建设行动方案(2025—2027年)》中明确指出:

1. 推进水生生物保护恢复

组织开展河湖水生态调查。加强河湖底质和周边环境保护,科学合理调节生物群落结构,提升河湖生态系统多样性、稳定性和持续性。探索创新涉渔生态补偿资金使用管理。严格执行休禁渔等制度。通过过鱼设施建设、生态调度、生境连通、产卵场修复等措施,进行水生生物重要生境保护修复,恢复河流连通性,满足水生生物及水鸟在繁殖、生长等生活史关键阶段的习性和种质交换需求,保护河湖水生生物及水鸟。科学规范开展增殖放流。推进水生外来入侵物种综合治理。在湖泊开放水域开展水生植被恢复试点。

2. 实施湖库富营养化综合治理

加强湖库富营养化和水华监测,开展形势研判,对水华易发湖泊"一湖一策"编制水华应急预案,强化水华预警与应急处置能力。加强水环境承载能力研究,针对性实施氮磷总量控制,减少入湖库污染负荷。综合采取控源截污、水生植被生态修复、鱼类种群和

渔业结构优化、外调水和再生水等水资源调控措施,有效防范湖库富营养化,提升水体透明度,逐步解决湖库水生态失衡问题。

3.强化生境修复和监管

坚持保护优先、自然恢复为主,开展河湖生态缓冲带保护与修复。加强重点战略区的国家重要湿地(含国际重要湿地)保护与修复,推进湿地可持续利用示范。以江河源头集水区、水源涵养重要区等区域为重点,科学开展水源涵养林建设。对涉及生态保护红线、饮用水水源地、自然保护地、水产种质资源保护区、珍贵濒危水生野生动物栖息地的河湖岸线,加强保护与监管。

三、持续改善淮河流域水环境

(一)保障饮用水源地及南水北调中线水质安全

依法科学划定、调整、取消饮用水水源保护区(范围),推进乡镇级饮用水水源保护区标志设置,完成保护区(范围)划定和勘界立标;持续开展保护区环境风险隐患排查整治,巩固水源地整治成果;开展县级以上集中式饮用水水源地水质专项调查和环境状况调查评估,做好乡镇级及以下水源地基础信息调查,切实保障水源地水质安全。

开展南水北调中线工程总干渠保护区内环境问题排查,提升保护区规范化建设水平;加强监测预警,密切关注断面水质和重金属因子浓度变化情况,持续完善入库河流"一河一策一图"应急处置预案,保障南水北调中线工程水质安全。

(二)深化重点行业水污染治理,强化排污许可管理

1.深化重点行业工业废水治理

持续实施煤化工、焦化、农药、农副食品加工、原料药制造等重点行业工业废水稳定达标排放治理,重点排污单位(含纳管企业)全部依法安装使用自动在线监测设备,并与生态环境部门联网。

2.完善工业园区污水集中处理设施

开展工业园区污水收集处理能力、污水资源化利用能力、监测监管能力提升行动和化工园区"污水零直排区"建设行动,补齐园区污水收集处理设施短板。完善进出水自动在线监控装置建设,加强园区内工业企业废水预处理监管,对进水浓度异常的园区,排查整治园区污水管网老旧破损、混接错接等问题,推动淮河流域工业园区废水应收尽收、稳定达标排放,省级及以上工业园区污水收集处理效能明显提升。

3.深入推进交通运输业水污染防治

持续开展高速公路收费站、服务区污水达标排放工作常态化考核;加大港口管理和船舶污染物接收转运处置工作力度,确保船舶污染物全闭环处置;严格实施河南籍船舶岸电设施改造,积极推进船舶岸电设施改造及清洁能源船舶使用。

4.严格排污许可核发

根据企业实际生产规模、工艺水平、污染治理能力等因素,科学核定排污许可证中的各项许可内容,如污染物排放种类、浓度、排放量、排放方式、排放去向等。对于新改扩建项目,结合环境影响评价文件批复要求,合理确定许可指标;对于现有企业,参考历史排

污数据、环境监测结果及行业排污标准,进行精准核定。

5.加强证后监管执法

生态环境部门制定详细的排污许可证后监管计划,采用定期检查与不定期抽查相结合的方式,对企业排污行为进行常态化监管。定期检查内容包括企业污染防治设施运行情况、自行监测执行情况、排污信息公开情况等;不定期抽查则针对企业可能存在的偷排、超排等违法行为进行突击检查。通过常态化监管,及时发现并纠正企业违法排污行为。

加强生态环境、水利、市场监管等多部门协作,建立联合执法机制。生态环境部门负责对企业污染物排放情况进行监测与执法;水利部门对入河排污口设置与水量进行监管;市场监管部门对企业使用的计量器具、环保设备质量等进行检查。通过联合执法,严厉打击各类环境违法行为,提高违法成本。

6.推进排污许可信息化建设

依托全国排污许可证管理信息平台,构建数字化监管体系,实现排污许可申请、核发、监管全流程线上化。加强排污许可管理信息平台与其他环境管理信息系统的数据共享,如环境影响评价系统、污染源监测系统、环境执法系统、生态环境分区管控信息管理平台等。通过数据共享,实现各环境管理环节的有效衔接与协同,为环境决策提供全面准确的数据支持。利用大数据、人工智能等技术,对企业排污数据进行深度挖掘与分析,预测企业排污趋势,及时发现潜在环境风险,为精准监管提供科学依据。

(三)全面提升城镇污水处理设施,严格入河排污口监管

1.补齐城市水环境基础设施建设短板

合理布局污水处理设施,着力提升污水处理厂超负荷运行地区的污水处理能力;淮河流域干流及一级支流沿线城市的水环境敏感区域,应因地制宜地实施城镇污水处理厂差别化精准提标;加大城镇污水管网建设力度,推进城镇污水管网全覆盖,大力推进城中村、老旧城区、城乡接合部污水管网建设,实施混错接、漏接、老旧破损管网更新修复,提升污水收集效能;推进城镇雨污分流改造,新建污水管网全部实行雨污分流;整治施工降水、地源热泵回灌水排入污水管网等现象,打击工业污水违规偷排行为,避免外水进入污水管网;升级改造现有技术水平低、运行状况差、二次风险大的污泥处理处置设施,补齐处理处置能力缺口。

2.持续推进入河排污口排查整治,严格监管

全面推进入河排污口排查整治,摸清淮河流域河湖水体入河排污口底数,精准溯源,明确入河排污口责任主体,扎实开展分类整治。严格入河排污口监督管理,贯彻落实生态环境部《入河排污口监督管理办法》,规范入河排污口设置审批、登记和监督性监测、执法检查;对违反法律法规规定设置的排污口,依法予以取缔;对违反法律法规规定设置排污口或不按规定排污的责任主体,依法予以处罚;对逃避监督管理借道排污的责任主体,依法予以严厉查处。

3.持续开展城市黑臭水体排查整治

充分发挥河湖长制作用,巩固提升黑臭水体治理成效,强化城市黑臭水体整治监管,开展黑臭水体整治成效核查行动和监督性监测,坚决遏制返黑返臭;深化县级城市、县城

建成区黑臭水体排查整治,完善治理台账,查漏补缺,加快整治进度;县级城市建成区基本消除黑臭水体现象,县城建成区黑臭水体消除比例达到90%。

(四)农业农村生活及面源污染得到控制

1. 科学推进农村生活污水治理

优先采用生态化、资源化治理措施,审慎建设集中式农村生活污水处理设施,除无资源化利用条件或位于水环境敏感区域的村庄(聚居区)外,其他村庄原则上要把资源化利用作为农村生活污水治理的首选模式。持续推进集中式农村生活污水处理设施分类整治,通过"改造一批、纳管一批、退出一批",提高设施整体运行率,农村生活污水处理设施正常运行率达到90%以上。南水北调干渠沿线(河南段)一、二级保护区内村庄生活污水全部完成治理。

2. 提升乡镇和农村生活污水处理设施监管水平

开展乡镇和农村生活污水处理设施排查整治,通过水量或电量等低成本监管措施,加快推进乡镇和农村有动力设施联网监管工作,建立以县为单元的第三方运维管护机制。乡镇日实际处理量100吨以上设施实现在线监测监控联网;推动有动力设施实现"市(县)平台一网统管"。

3. 推动农业面源污染治理

按照《河南省农业面源污染治理与监督指导实施方案(试行)》,明确目标任务与重点工作,在种植业上,狠抓病虫监测预警,推广绿色防控技术,推进专业化统防统治,建设病虫害绿色防控示范区,巩固化肥减量增效成果,提高科学施肥技术服务能力,提高肥料利用率;在养殖业方面,加快畜禽粪污资源化处理利用设施建设,畜牧大县编制畜禽养殖污染防治规划,争取资金推进设施建设和大型规模养殖场氨气治理,开展绿色种养循环农业产业园试点探索;建立农药包装废弃物回收站点,遏制增量、消化存量,示范推广加厚高强度地膜和全生物降解地膜。

(五)完善生态补偿机制,提升监管和风险防控能力

1. 完善生态补偿机制

建立流域上下游地区水质生态补偿机制,将化学需氧量、氨氮、总磷和氟化物等主要污染物排放量指标的监测结果作为制定补偿标准的重要参数,遏制河流跨界污染。采用政府主导为主、其他类型为补充的生态补偿模式,优化淮河流域生态补偿制度安排。建立流域生态补偿专项基金,实施财政转移支付,在淮河流域生态补偿中要明确地方政府的职责,淮河流域上下游地区和省际也可以通过协商谈判和市场交易实施生态补偿,实现外部效应的内部化。

2. 持续提升水环境管理能力

建立人工与自动监测相结合的淮河流域水环境质量监测体系,优化调整地表水生态环境监测网,全面提升流域监测能力。对重点水源和省际交界断面进行水质实时动态监控,规范监测技术标准与监测方法,提高水质采样分析方法的科学性和监测数据的准确性,提高监测效率和数据共享能力,逐步建立水体污染溯源体系。在水环境污染严重的地区,实行水质水情动态监控预警,有效应对流域水污染突发性事件。

3.严格防范水生态环境风险

严格新(改、扩)建尾矿库环境准入,强化尾矿库环境风险隐患排查治理;加强有毒有害物质环境监管,加强危险废物风险防控;持续推动重点河流突发水污染事件环境应急"一河一策一图"成果应用,有序推进化工园区环境应急三级防控体系建设;加强交通运输领域水环境风险防范,健全流域上下游突发水污染事件联防联控机制;加强汛期水环境风险防控,强化次生环境事件风险管控。

4.强化水生态环境执法监管

紧盯南水北调中线工程总干渠沿线、湿地自然保护区、出省境河流断面等重点区域,健全完善跨部门、跨区域水生态环境保护执法联动机制;严格落实"双随机"监管机制,全面加强城镇(工业园区)污水处理厂和重点涉水企业达标排放日常监督管理检查,严厉打击篡改、伪造自动监测数据或者干扰自动监测设施等逃避监管违法排放污染物的弄虚作假违法犯罪行为;严格落实生态环境损害赔偿制度,造成生态环境损害的及时启动索赔程序。

第四节　推进美丽河湖建设与保护

美丽河湖是美丽中国在水生态环境领域的集中体现和重要载体,推进美丽河湖保护与建设是贯彻落实习近平生态文明思想,落实以人民为中心的发展思想和统筹山水林田湖草沙一体化保护和系统治理的具体举措,将推动我国水生态环境管理从量变到质变的跨越。

为指导各地深入贯彻落实党中央、国务院重要决策部署,统筹水资源、水环境、水生态治理,积极推进美丽河湖保护与建设,加快实现"清水绿岸、鱼翔浅底"的美丽景象,河南省印发了《河南省美丽幸福河湖保护与建设行动方案》,将《河南省美丽河湖保护与建设清单》中河湖作为重点,有序推动全省美丽幸福河湖保护与建设,持续提升人民群众对水生态环境改善的获得感、幸福感。

一、美丽河湖内涵及总体要求

1.美丽河湖内涵

美丽河湖是指符合"清水绿岸、鱼翔浅底"的愿景,水资源、水生态、水环境等流域要素系统保护取得良好成效,人民群众的生态环境获得感、幸福感、安全感显著增强,实现人水和谐的河湖。美丽河湖应当具备以下基本条件:①水资源方面,具有稳定的补给水源(含再生水),水体流动性较好(或水文过程与当地自然条件契合度高),河湖生态用水得到有效保障,稳定实现"有河有水";②水生态方面,河湖水域及其缓冲带生态环境功能得到维持或恢复,生物多样性得到有效保护,有代表性的土著物种得到重现,稳定实现"有鱼有草";③水环境方面,流域内各类污染物排放得到有效控制,河湖水质实现根本好转或水质稳定达到优良,公众的景观、休闲等亲水需求得到较好满足,人民群众反映的生态环境问题得到妥善解决,不存在弄虚作假等情况,稳定实现"人水和谐"。

2. 美丽河湖保护与建设总体要求

以改善水生态环境质量为重点,坚持精准治污、科学治污、依法治污,统筹水资源、水环境、水生态治理,推动重要流域构建上下游贯通一体的生态环境治理体系,大力推进美丽河湖保护与建设,提升河湖生态系统健康水平,以高水平保护支撑高质量发展,为 2035 年基本实现美丽中国建设目标奠定良好基础。

坚持问题导向、突出重点,着力解决水生态环境保护方面存在的突出问题,不断满足人民群众的亲水需求,统筹美丽河湖建设与防洪排涝安全,促进人水和谐。坚持三水统筹、协同联动,推动流域上下游、左右岸、干支流协同治理。坚持因地制宜、分类施策,科学、合理确定目标任务,推进建设各美其美的美丽河湖。坚持示范引领、长效推进,总结推广各地实践创新的好经验好做法,健全长效管理机制,打造美丽河湖保护与建设示范样板。

到 2027 年,美丽河湖建成率达到 40% 左右;到 2030 年,美丽河湖建设取得明显成效;到 2035 年,美丽河湖基本建成。

二、落实美丽河湖保护与建设行动方案(2025—2027 年)

生态环境部会同有关部门出台《美丽河湖保护与建设行动方案(2025—2027 年)》(以下简称《行动方案》),旨在推动水生态环境从单一水质改善向"水资源、水环境、水生态"全面统筹跃升,加快实现"清水绿岸、鱼翔浅底""人水和谐"的美丽河湖愿景。《行动方案》进一步聚焦水生态环境保护的深层次问题,将碧水保卫战"深入打好"的要求转化为系统性行动纲领,通过"三水统筹"系统治理,推动水生态环境保护治理从"治污达标"向"人水和谐"跃升,为 2035 年基本实现美丽中国建设目标奠定良好基础。

《行动方案》明确 19 项措施:在巩固深化水环境治理方面,提出提升入河排污口整治效能、加强工业园区水污染防治、强化生活污水收集处理、推进农业面源污染防治等 6 项措施;在加强基本生态用水保障方面,明确了着力保障河湖生态流量、落实生态流量泄放措施、强化生态流量监测信息共享 3 项措施;在积极推进水生态保护修复方面,提出推进水生生物保护恢复、实施湖库富营养化综合治理等 6 项措施;在全面推进保护与建设方面,提出加大支持力度、开展全民行动等 4 项措施。

《行动方案》是《水污染防治行动计划》和污染防治攻坚战既有成果的延续,也是面向 2035 年水生态环境治理的系统性行动纲领,标志着我国水生态环境管理进入全面统筹、提质增效的新阶段。

省辖淮河流域必须深入推动美丽河湖地方实践,以地级及以上城市政府为主体,积极推进美丽河湖保护与建设,注重发挥河湖长制作用,完善保障措施和长效管理机制,提升河湖生态环境品质。评选淮河流域美丽河湖优秀案例,宣传推广成效好、可持续、能复制的美丽河湖保护与建设好经验好做法,强化美丽河湖优秀案例示范引领作用。